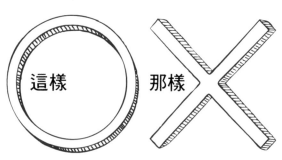

這樣 那樣

馬上學會好設計

感謝您購買旗標書，
記得到旗標網站
www.flag.com.tw
更多的加值內容等著您…

● FB 官方粉絲專頁：旗標知識講堂

● 旗標「線上購買」專區：您不用出門就可選購旗標書！

● 如您對本書內容有不明瞭或建議改進之處，請連上
旗標網站，點選首頁的 聯絡我們 專區。

若需線上即時詢問問題，可點選旗標官方粉絲專頁
留言詢問，小編客服隨時待命，盡速回覆。

若是寄信聯絡旗標客服emaill，我們收到您的訊息後，
將由專業客服人員為您解答。

我們所提供的售後服務範圍僅限於書籍本身或內
容表達不清楚的地方，至於軟硬體的問題，請直接
連絡廠商。

學生團體　　　訂購專線：(02)2396-3257 轉 362
　　　　　　　傳真專線：(02)2321-2545

經銷商　　　　服務專線：(02)2396-3257 轉 331
　　　　　　　將派專人拜訪
　　　　　　　傳真專線：(02)2321-2545

作　　者／坂本伸二

發 行 所／旗標科技股份有限公司
　　　　　台北市杭州南路一段15-1號19樓

電　　話／(02)2396-3257(代表號)

傳　　真／(02)2321-2545

劃撥帳號／1332727-9

帳　　戶／旗標科技股份有限公司

監　　督／陳彥發

執行企劃／蘇曉琪

執行編輯／蘇曉琪

美術編輯／林美麗

封面設計／古鴻杰、林美麗

校　　對／蘇曉琪

新台幣售價：360 元
西元 2022 年 1 月 二版 1 刷
行政院新聞局核准登記-局版台業字第 4512 號
ISBN　978-986-312-696-6
版權所有‧翻印必究

國家圖書館出版品預行編目資料

這樣 ○ 那樣 × 馬上學會好設計 第二版 / 坂本伸二　著；
謝薾鎂 譯. -- 臺北市：旗標，2022 . 01
　面；　公分

ISBN 978-986-312-696-6 (平裝)

1. 平面設計

964　　　　　　　　　　　　　　110019521

序

「設計」這種能力，任何人皆可日益精進。

這就是本書希望傳達給您的信念。

那麼，設計講堂，開課！

本書的目標讀者，是現在才開始準備學設計的人，或是工作中經常需要製作各種平面製作物、資料文件，但卻無法順利地讓想法化為美麗作品的人，也就是所謂的設計新手。

隨著電腦與軟體的普及與演進，現在不只是設計師，連一般上班族也多少需要負責平面製作物。世界上充滿著美好的設計，卻無法將想法具體實現…，因此許多人常有「我缺乏美感」、「設計很不容易耶」之類的問題。但是，要製作有效傳達訊息的設計、觸動人心的設計、容易閱讀的設計，最重要的並非美感。只要逐步閱讀本書，即使是缺乏美感或設計經驗的新手，理應能製作出解決當前需求的好設計。

長久的設計歷史與豐富的設計理論，在提升技巧的過程中固然重要，但首先應該學的是「設計的基本法則」與「設計的製作流程」這兩項。徹底掌握這兩大原則，一定能製作出有別以往的良好設計。請務必以愉快的心情閱讀本書，若能帶給各位實質上的幫助，我將感到無上的喜悅。

2015 年 11 月

坂本 伸二

目錄 CONTENTS

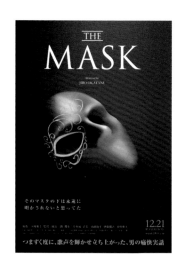

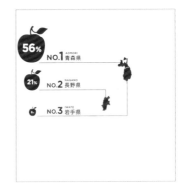

Chapter 1

開始設計之前

首先最該知道的重點

「設計」這種能力，任何人皆可日益精進。為了製作出能夠準確傳遞訊息的版面、或讓人印象深刻的設計，首先請務必熟知「設計的基本法則」與「設計的製作流程」。

01 製作出所有人都覺得「好」的版面
設計是有規則可循的

在設計中，其實有著任誰都能馬上活用，且能立即見效的基本法則。
只要活用這些法則，即使是新手，也能設計出吸引人的成品或資料。

☑ 本書對「設計」的解釋及目標讀者

「設計」這個詞，涵義非常廣泛，因此一開始先簡單介紹本書對「設計」的解釋。

首先，本書的目標讀者是：

- 非專業設計師，但有機會編排版面或資料的人

- 有機會透過版面或資料傳達訊息的人

- 現在正要開始學設計的人

- 剛入行的設計師

也就是說，本書並不是寫給已經活躍於第一線的專業設計師，而是給平常工作中需要製作簡單的廣告、傳單、店頭 POP 等各式版面，或是企劃書、簡報等資料的人，以及對設計抱持興趣，打算開始學習的人。本書將盡可能介紹許多能馬上使用且有效的方法與技巧。

☑ 學習偉大先人們的智慧！

很多人認為「設計沒有標準答案」，筆者也這麼覺得。或許正因為有各式各樣的「標準答案」，才顯得設計格外有趣。

反過來說，在漫長的設計歷史中，也衍生出許多「人們一定會覺得美的配置」、「激發情感的配色」、「容易閱讀且印象深刻的文字設計」等具體的實踐技巧與法則。這些技巧與法則，與人的本能有某種程度的關聯性，能讓多數人不自覺地產生好感。

現在才開始學設計的人，請務必好好運用這些技巧、法則或原理。設法掌握偉大先人們留傳下來的寶貴經驗法則，然後徹底發揮活用吧！

相信絕大多數的人一定都聽過黃金比例（Golden Ratio）。所謂的黃金比例，簡單來說就是「廣泛存在於自然界之中，會讓人覺得美麗的比例」。具體的比例是「1：1.618」（近似值）。多數人會在無意中對有黃金比例的事物產生美的感覺。

為何會產生這種感覺的原因眾說紛紜，總之先知道這項法則，實際設計時就能馬上活用。舉例來說，配置在版面中的圖像或圖案，就可以考慮讓寬高呈黃金比例。

除了黃金比例外，設計中還存有其他各種法則。像這樣先學會「設計的基本法則」，馬上活用並確認效果，也是一種邊學邊享受設計的方法。

雅典的帕德嫩神殿與黃金比例

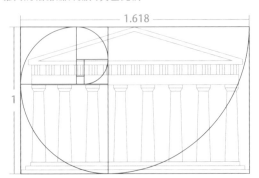

☑ 比美感更重要的事

經常從對設計棘手的人口中聽到「因為我缺乏美感」這句話。但是,在製作具傳達力的設計、讓人印象深刻的設計、容易閱讀的設計時,最重要的並非美感。做設計時,最重要的是以下 2 點:

- 明確地表達要傳達何事給何人(製作目的)

- 挑選出實現此目的之最佳方法(基本法則),再動手製作

對於天生擁有卓越美感的人而言,要做出吸引目光的設計或許是輕而易舉。但是這類天資超群的人才應該不多,至少筆者我從未見過。負責知名企業廣告或商品包裝的一流設計師們,大多也都是先習得紮實的基礎,再充分應用到設計中。

換句話說,只要學會設計的基本法則,任何人都能做出「具傳達力的設計」與「讓人印象深刻的設計」。

的確,要製作跨時代的長銷產品、帶動新潮流的設計、大幅提升銷量的廣告,需要卓越的美感與深度考察,或是將市場分析結果視覺化的高度能力,但是要達到這種程度絕非一蹴可幾。此外,我認為多數人學設計的目的並不是要製作上述的設計,而是為了解決當前面臨的課題。對於這些人而言,最需要的正是「設計的基本法則」。

☑ 設計講求方法

學會設計的基本法則後,雖然比較能夠馬上做出某種程度的設計,但請留意一點:**設計只是完成作品的方法,而非目標。**以「完成好看的設計」為目標的做法是本末倒置。

設計時,最重要的是先確定「製作目的」。有目的才有設計,先有了目的,再著手製作符合目的的設計。希望各位能時時謹記此原則。

本書中解說的製作流程與基本法則,在實際設計時絕對會有幫助。一開始你或許會半信半疑,但是請務必一一嘗試看看,相信你一定能做出比知道基本法則之前更好的設計。

☑ 為他人而設計

對設計的喜好因人而異。某人覺得 A 案好,另一人覺得 B 案好,這種狀況經常發生。

但是,也不能因此就任憑自我判斷去設計。多數的設計是為了「他人」而製作,因此,**以讀者(第三者)為主,思索「讀者需要的資訊是什麼?」、「讀者會作何感想?」才是設計時最重要的事。**

設計時,「確定目的」與「運用基本法則」比美感更重要。

Chapter: 1

大幅提升設計成果的製作流程

02 先來體驗設計的製作流程吧！

一開始要先介紹製作設計時的「思考方法」與「製作流程」，作為解說具體設計技巧與基本法則的前置階段。這些內容也可活用到所有製作物上。

☑ 製作流程非常重要

開始製作各式製作物或資料時，如果不事先設想製作目的、目標對象的性質、完成的視覺印象等內容，就一頭栽進去蒙頭亂做，這樣是不行的。一開始隨心所欲地進行，到最後通常很難照著想法完成。倒不如及早放棄、重頭來過，以免破壞整體的統一感。

尚未習慣之前，你或許會覺得有點麻煩，但還是建議你遵循流程，依序進行設計。

設計的基本製作流程大致如下：

❶ 整理資訊

❷ 排版 ① 設定版心與邊界

❸ 排版 ② 設定網格

❹ 排版 ③ 安排優先順序

❺ 排版 ④ 設定強弱

❻ 配色

❼ 選擇文字和字體

❽ 將資訊化為圖像

關於各階段的具體技巧與法則，下一章開始陸續會有詳盡的解說，在此請先繼續讀下去，體驗一下整體製作的流程。本章會先以具體範例為中心進行解說。

相同「資訊」也會因目的不同而改變設計

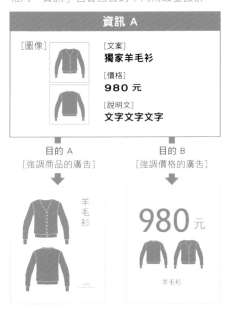

即使資訊相同，也會依據要傳達的內容，大幅變更設計的呈現方式。

設計的製作流程

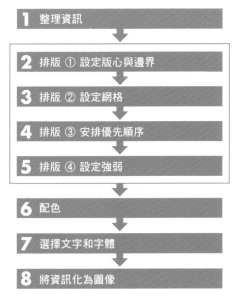

☑ 關於本章範例

首先來簡單說明本章所製作的範例。本章將以下圖所示的「虛擬店面的開幕告知傳單」為例，來解說設計的流程。雖然範例是針對店面的平面設計，但基本思考方法與製作流程並不僅限於此，各類製作物（海報或版面設計）、資料（簡報或企畫書）都適用。

此設計案例的前置階段，準備的資料有 ❶ 草稿、❷ 照片 1 張、❸ LOGO 商標 1 張等 3 種。

草稿中除了製作物所需的文字資訊外，還記述了製作目的。多數情況下，前置階段若能事先備妥「應刊載的資訊（文章或照片等等）」、「製作物的目的」、「期望的形象」等內容，就能讓設計工作順利進行。

不要「邊做邊想」，「先整理出必要的內容，再開始設計」，這個大方向請你務必銘記在心。

那麼，下一頁我們就開始來製作。

草稿

以下為製作物的概要。

製作物：開幕告知傳單（B5 尺寸）

店名：UNHAMBUR（漢堡店）

開幕日：2015 年10月15日

營業時間：11:00〜23:00

地址：渋谷区広尾1丁目 123-22 WWD BLD 1F
電話：03-5456-xxxx
URL：www.unhambur.no.nr

文字 -------------------------------------
主打新鮮蔬菜
新型態的漢堡店
「UNHAMBUR」
在広尾全新開幕。

雖然是漢堡店，但不想設計成美式風格，而是希望營造時尚的歐式風格。

照片

LOGO

>> **這點也記起來！** << **翻到下頁之前**

如果你是現在才開始學設計，在翻到下一頁之前，請先自己試著設計這張「開幕告知傳單」。使用軟體不限，Adobe Illustrator 或是 Word、PowerPoint 都可以。完成後，再跟本章最後完成的設計圖比較看看。這樣做能讓你學到更多東西喔！

·製作流程·

整理資訊　　　　　　⊙詳細解說 ➡ p.20

重點

設計一開始應該要做的工作是「整理資訊」。開始製作前，請先仔細想想「為什麼要做這個」，藉此確定製作物或資料的製作目的。

接著再假想讀者（看到傳單的人），一一制定「何時」、「何人」、「何地」、「做什麼」、「怎麼做」等項目，把資訊加以整理。

以開幕告知傳單為例

何時	2015年10月15日
何人	漢堡店
何地	広尾
做什麼	開幕
怎麼做	讓別人拿取閱讀
目的	宣傳開幕與促銷訊息
結果	吸引顧客來店

☑ **範例的資訊整理**

這次要製作的虛擬店面開幕告知傳單，可整理出如右的資訊。

本傳單的製作目的是要告知讀者「店面新開幕」及「開幕促銷活動」這兩件事。

基於以上目的，徹底調查須傳達給讀者的必要資訊，並安排優先順序。

1 做什麼＋目的

開幕紀念 20%OFF
NEW OPEN 告知

2 何時

開幕日：2015年10月15日

3 何地

營業時間：11:00～23:00
UNHAMBUR
渋谷区広尾1丁目 123-22 WWD BLD 1F
電話：03-5456-xxxx
URL：www.unhambur.no.nr

像這樣列出資訊、加以整理，藉此確定設計目的，同時也決定優先順序。這就是設計的第一步

1 ARRANGEMENT　2 LAYOUT　3 LAYOUT　4 LAYOUT　5 LAYOUT　6 COLORATION　7 FONT TYPE　8 GRAPHIC

排版 ① 設定版心與邊界

▶ 詳細解說 ➡ **p.22**

重點

完成資訊的整理後，接著是設定版心與邊界。不同的版心設定，會大幅改變呈現的效果。

版心是指「文字內容與照片、圖片等要素的配置區域」，也稱「版口」。另一方面，沒有配置這些要素的區域則稱為「邊界」或「留白」。關於版心與邊界，在 P.22 會有更詳細的說明。

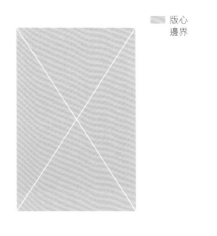

版心
邊界

配置文字資訊、圖片等要素的區域稱為「版心」，其他區域則稱為「邊界」。

☑ 範例的版心與邊界設定

這次的範例需要營造時尚感，故將上下、左右的邊界設為 8mm，並以清爽的設計為目標。

傳單 B5（高 257mm × 寬 182mm）

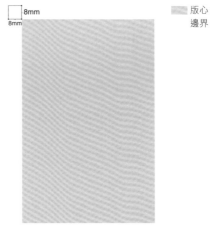

8mm
8mm

版心
邊界

本例上下、左右的邊界都設為 8mm，完成如上圖所示的版心設定。

> *memo*
>
> 版心大小稱為「版面率」，版心面積大者表示「版面率高」，版心面積小者則表示「版面率低」。
>
> 製作時究竟該採用何種程度的版面率，請參照 P.24 的說明。

〔 排版 ② 設定網格 〕　⏵詳細解說 ➡ **p.26**

重點

決定好版心與邊界後，即可開始編排內容要素。在這個階段，「網格」是很有用的輔助工具。

「網格」是指縱、橫等距配置在頁面上的格子狀導引線。一旦設定好網格，即可沿著格線配置要素，輕輕鬆鬆就能完成整齊一致的設計。

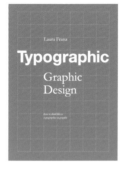 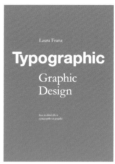

運用網格規劃配置要素，營造要素間的關聯性，完成井然有序的編排。

☑ 範例的網格設定

製作本章的範例時，設定了如右圖這麼多的網格。有了這麼多網格，就可以在上面嘗試多種排版方式，當你想要變換各種不同版型時，這種網格就是很便利的工具。

memo

編排的基本原則是「對齊各要素」。對齊可讓版面顯得井然有序。設計沒有標準答案，但可確定的是，只要確保畫面秩序，即可完成美觀的設計。在專業的平面設計現場，「字距」、「文字與照片的間距」等所有要素都會整齊配置。雖然「對齊基準」會因設計需求不同而有差異，但對齊的重要性在製作各類作品與資料時都適用。

B5 尺寸

本例設定了縱 10 格 × 橫 6 格的網格

ARRANGEMENT　LAYOUT　LAYOUT　LAYOUT　LAYOUT　COLORATION　FONT TYPE　GRAPHIC

〔 排版 ③ 安排優先順序 〕

▶詳細解說 ➡ p.30

重點

這裡要開始利用前面依序完成的資訊整理、版面設定與網格設定，替資訊安排優先順序。「安排優先順序」，指的是**思考要將資訊配置在版面的哪個位置**。重要性高的資訊配置在醒目的位置，不甚重要的則低調配置，按照資訊的重要性在版面上編排。

另外，安排優先順序時的重點，是將內容相似的資訊相鄰配置，無關聯性的資訊則分開配置。人類擁有會將相鄰資訊認知為同一群組的特質，利用此特質來編排版面，能幫助讀者快速理解內容。

非群組化

株式会社 ●●●
Designer
東京 太郎

〒123-123

東京都目黒区目黒 1-2-3
TEL 03-1234-123X
FAX 03-1234-123X
MAIL tokyo@taro.op

群組化

株式会社 ●●●

Designer
東京 太郎

〒123-123
東京都目黒区目黒 1-2-3
TEL 03-1234-123X
FAX 03-1234-123X
MAIL tokyo@taro.op

將同類的項目群組化，藉此強調項目間的關聯性，用一看就懂的方式傳達資訊。

☑ 範例中的優先順序分配

這次製作的傳單，任務是「**讓潛在客戶知道本店的存在**」。因此，必須將足以讓人知曉店家性質的主要素編排在中心位置。

本例取得的是相片素材，預計讓此相片擔任視覺焦點的角色。

以開幕告知傳單為例

促銷活動告知區
開幕訊息告知區

內文區

背景相片（滿版）

LOGO　店面資訊區

一開始將版面劃分成如右圖的資訊分佈圖，接著再根據各自的優先順序編排要素。此時還不需要任何裝飾美化。

〔　　排版 ④　設定強弱　　〕

▶詳細解說 ➡ p.40

重點

接著將依照各要素的優先順序，進一步設定強弱。為版面增添強弱層級後，設計的魅力也會相對地大幅提升。

設定強弱的作法非常簡單，只要把欲強調的要素放大，其他要素縮小即可。例如加大文字、放大圖片等等，可提高躍動率（關於「躍動率」的設定請參照 P.42）。

雖然這個方法看似簡單，卻足以讓整個設計脫胎換骨，更具魅力。

無躍動率 　　　　　　　　有躍動率

即使只有改變字級與粗細，視覺效果就大不相同。

無躍動率 　　　　　　　　有躍動率

設定強弱時，要讓任何人都能明顯地看出差異。

☑ 範例的強弱設定

本例的強弱層次如右圖所示。配置多個文字要素時，請注意「要讓人慢慢閱讀的文字」與「要讓人馬上注意到的文字」都要清楚呈現，這點很重要。

---
memo

右例中將「オープン記念 20% OFF」（開幕紀念 20% OFF）這個文字要素做成圖示。圖示化是替版面增添強弱層級非常有效的方法。圖示化的詳細說明，請參照 P.122。

設定強弱即可大幅改變版面印象。此步驟堪稱設計的一大樂趣。

・製 作 流 程・

1 ARRANGEMENT　2 LAYOUT　3 LAYOUT　4 LAYOUT　5 LAYOUT　6 COLORATION　7 FONT TYPE　8 GRAPHIC

〔 配色 〕　　　　　▶詳細解説 ➡ **p.87**

重點

配色決定了設計的印象，這麼說一點也不為過。配色確實擁有強大的力量。

配色時，須考慮到製作物的目的與概念（用途與預期效果）。

配色理論非常深奧，甚至與心理學及認知學也有關聯。但是，對新手而言，建議先活用那些廣為人知的配色理論，來選擇符合製作物或資料目的之配色。

▸ 本例欲呈現的印象

　1. 有機
　2. 蔬菜很多
　3. 時尚的歐式風格

▸ 從關鍵詞聯想的配色印象

　1. 有機（自然、健康）

　2. 蔬菜很多（綠、新鮮、有益身體）

　3. 時尚的歐式風格

☑ 範例的配色計劃

本範例的配色，除了參考上述印象外，也依照下列 2 種印象來思考配色。

▶ 不走「美式風格」，採「歐式風格」
▶ 流行時尚感

另外，選色基準並不單只有「印象」。例如使用企業本身的企業色、避免使用與競爭對手同色的作法也很常見。

左：文字為無彩色，直接展現照片，畫面顯得沉著穩重。
右：無彩色與有彩色並用，畫面顯得熱鬧有朝氣。

選擇文字和字體

▶ 詳細解說 ➡ p.105

重點

提到設計，多數人會覺得重點在於編排與配色，其實選擇字體也很重要。字體會大大左右完稿的視覺效果。

選擇字體的原則是「不要使用多種字體」。單一版面中使用多種字體，會讓整體缺乏統一感。其他詳細的字體種類與挑選方法，請參照 P.105。

✕ 使用多種字體的範例　　○ 使用 2 種字體的範例

左圖使用了多種字體，使得設計缺乏統一感。

☑ 範例的字體選擇

挑選字體時，請實際套用看看各種字體，驗證各種風格的效果。透過比較，可明確地感受到不同字體給人的印象差異。

右邊的 4 張圖中，並沒有所謂的正確選項，不過考量到須營造出時尚歐風，加上商品是漢堡，多少希望呈現流行感，因此選用了左上圖的設計。

Gotham＋黑體

Garamond＋流明體

memo

世界上有成千上萬種字體，其中也有乍看極為像似、細看其實各具性格的字體。實際套用至版面的標題或文章上，也會讓整體風格大異其趣。也因此，在學設計的過程中，許多人會對字體的奧妙深深著迷。

Bodoni＋Garamond＋新黑體

Cooper＋Helvetica＋圓體

〔 將資訊化為圖像 〕 ⊙詳細解説 ➡ p.141

重點

讀者若要了解資訊內容,必須閱讀文字(內文)。而**圖形化有助於一眼理解必要資訊**。所以將資訊化為圖像,對設計而言非常重要。

圖形化的例子不勝枚舉,代表性的有地圖、曲線圖與資訊圖表。以氣象預報為例,比起直接使用「明天天氣晴,降雨機率 30%。最低氣溫 12℃,最高氣溫 19℃。」這些文字,像右圖般加以圖形化,可讓人更容易理解資訊。

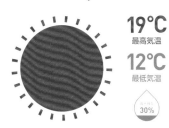

明天天氣晴,降雨機率 30%。
最低氣溫 12℃,最高氣溫 19℃。

把文字圖形化,讓人一眼就能理解內容。

☑ 範例的資訊圖像化

本例將店家地址化為地圖,配置在右下角。最近很多人使用智慧型手機的地圖軟體,故採取地址和地圖一併顯示的形式,如此便可提供適用於各種人的理想資訊。

本次的範例到此就完成了。遵循設計的製作流程,逐一進行。此流程適用於各類的製作物,一個一個步驟確實地進行,即可達成最終設計目標,完成版面製作。

將地址和地圖一併顯示,可提供讀者更明確的資訊。

要傳達何事給何人

資訊整理的基礎

整理資訊,是達成設計目的不可欠缺的手續。
先整理好資訊,有助於實現具傳達力、或是讓人印象深刻的設計。

☑ 確定目的很重要

為何不直接開始製作?這是因為最終的設計結果,會因欲傳達給讀者的內容、欲呈現的形象、使用的圖像或處理方式等等而大幅改變。若不事先確認目的就開始製作,大多無法完成適當的設計。

☑ 整理資訊的方法

首先請自問自答「為什麼要做這張製作物」,藉此確定設計的目的。

接著再假想讀者,一一制定「何時」、「何人」、「何地」、「做什麼」、「怎麼做」等項目,把資訊加以整理。如此一來,須優先刊載的資訊、或是大一點會比較好的資訊就會清楚浮現,相對也可理出不須著重的資訊。

請不要只在腦海中籠統地想像,須如上圖般將資訊清楚地條列出來。這麼做不僅可確認設計目的,同時還可決定資訊的優先順序。這就是做設計的第一步。

設計的重點是將最想傳達的資訊做得最明確,並且盡量將資訊視覺化。

這點也記起來!　　**當你接案時**

當你接受來自他人的設計需求時,請務必事先取得必要的資訊和素材,並確實溝通其中的內容。他人的想法往往和自己的認知有所差異。擅自判斷「一定是這樣沒錯」,然後就著手製作,很容易導致客戶說「我要的不是這樣!」的狀況。對設計而言,事前準備工作是非常重要的。

Chapter

2

版面編排的基本法則

決定版面印象的排版設計基礎知識

製作設計作品時，一旦確定製作目的，再來就要思考，該用
何種版面編排（Layout，版面設計）來達成此目的。版面編
排會大大左右版面的印象，絕對不可輕忽。當你要製作連續
多個頁面時，也務必維持頁面的一致性。

用留白決定版面印象

版心與邊界的設定方法

設計的第一步，就是設定版心與邊界。
此階段設定完成的版面編排區域，將會大幅影響設計成果。

☑ 來設定版心與邊界吧！

實際開始排版前，有件必須先決定的事，就是要設定「版心」。

「版心」是指**文字內容與照片、插圖等要素的配置區域**，也稱為「版口」。另一方面，沒有配置這些要素的區域，則稱為「邊界」或「留白」。

版心，擔任統整內容要素的重要任務。當你決定出版心後，編排範圍就被強調出來了，傳達資訊也變得更加容易。

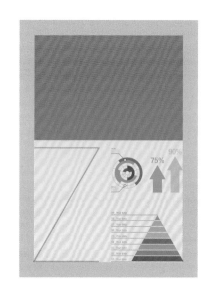

版心
邊界

☑ 版面率會大幅改變版面印象

版心大小佔整個頁面的比例，稱為「版面率」，版心面積大者表示「版面率高」，版心面積小者則表示「版面率低」。

版心的大小，會影響整體設計印象。請先思考你即將製作的版面，是屬於以下哪種類型：

- ► **刊載的資訊量多：版面率高**
- ► **刊載的資訊量少：版面率低**

版面率高的版面，能刊載大量的資訊，因此能給予讀者「熱鬧」、「歡樂」的印象。適用於商品型錄這類資訊量多的製作物。

反之，版面率低的版面，由於邊界較寬，給人「沉靜」、「穩重」、「高級感」的印象。適用於具高級感的品牌廣告，或是穩重的作品。

版面率高

版面率低

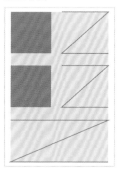
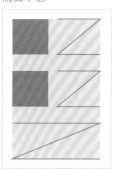

資訊量大、或是想營造熱鬧的感覺時，請設定為版心寬、邊界窄的高版面率。不過，當版面率太高時，也可能給人狹隘、拘束的感覺，請特別留意。

當你希望讓人舒適地閱讀、想營造高級感或穩重形象時，請設定為版心窄、邊界寬的低版面率。不過，當版面率太低時，也可能給人鬆散、無趣的感覺，請特別留意。

這點也記起來！　印刷品的邊界

雖然可自由決定版心，但如果是製作印刷品，建議你設定距離紙張邊緣至少 5mm～10mm 左右的邊界。若版面編排得太靠近邊緣，在送印、裁切成印刷品時很可能會裁到內容。

✖ 沒有邊界

「裁切掉的」部份　　文字被裁掉了一角

裁切時可能會裁切到文字

⭕ 有邊界

「裁切掉的」部份

設定 5mm 以上的邊界，可避免文字被裁切到，版面也更容易閱讀。

☑ 讓邊界的上下相等或左右相等

邊界的寬度不一定要四邊相等。例如「上下邊界窄、左右邊界寬」的手法也很常見。但是，基本上會建議讓上下邊界相等、或是左右邊界相等。尤其當左右邊界不同時，很容易讓畫面缺乏穩定感，這點請格外留意。

不過，也有反過來運用邊界差導致穩定感下降的作法，刻意將四邊邊界設定得參差不齊，藉此營造躍動感。請你先熟悉基本的邊界設定，之後再嘗試各種邊界變化吧！根據版心和邊界的設定，完成的版面也將大異其趣，我認為這是無庸置疑的。

---

memo

雖然說基本上建議你讓上下邊界、左右邊界相等，但如果是製作要裝訂的多頁小冊子、型錄、雜誌、書籍等版面，就必須將裝訂側的邊界設定得寬一點，因此左右邊界會不相等（請參照下頁的「這點也記起來！」）。

☑ 標準的邊界寬度

邊界的寬度，雖說可以任憑各位自由設定，但若沒有標準可循，剛開始你可能會很難決定。因此特別列出如右的「標準邊界寬度」表。請參考右表數值，嘗試製作多個版面，從中找出對各位而言最合適的版心與邊界吧。

另外，製作時還需要考慮到刊載的媒體，例如印刷品，至少需要留出上下、左右 5～10mm 的邊界（參考 P.23）。這點也請你務必牢記。

左右邊界不同

這是左右邊界不同的例子。雖說邊界依設計而定，但左右不同時，會給人不穩定的感覺。

左右邊界相等

這是左右邊界相同的例子。與上圖相比，看起來比較有穩定感。

設計對象	標準邊界寬度
A0、B0 以上 例：海報、大型廣告等	資訊量多：25mm～40mm 資訊量少：40mm～
A1～A3、B1～B3 例：傳單、廣告等	資訊量多：7mm～12mm 資訊量少：12mm～
A4 以下、B4 以下 例：簡報資料、企劃書等	資訊量多：7mm～12mm 資訊量少：10mm～
明信片	資訊量多：5mm～8mm 資訊量少：8mm～
名片	資訊量多：5mm～7mm 資訊量少：7mm～

在邊界配置要素的技巧

根據前面的說明，原則上我們並不會在邊界配置版面構成要素。但是，為了增添版面變化，也有刻意將插圖或照片等圖片配置在邊界上的例子。以下就說明這類技巧。

版面設計有明確的法則，遵守法則可做出平衡的畫面，完成具穩定感的設計。但是，依製作物的目的，也有更重視躍動感的情況。

提升版面躍動感的方法中，有著稱為「稍微破壞版面法則」的方法。例如前面提過的「讓上下、左右的邊界寬度不相等」，或是「在邊界上配置要素」。讓應該相等的上下、左右邊界不相等，在不該配置要素的邊界上配置圖片等要素，藉此破壞平衡感，會比遵守法則的設計更具躍動感。請參照後面所述的「滿版出血配置」（P.50）。

左右兩圖都在邊界配置要素。比起將所有要素集中在版心的作法，版面顯得更有變化。

這點也記起來！　　威廉・莫里斯的邊界設計

19 世紀著名的設計師威廉・莫里斯（William Morris），實際分析過許多美觀的書籍，而推論出適用於小冊這類多頁版面的「美觀邊界比」（如右圖所示）。雖說人的審美觀會隨時代改變，此比例在今天或許不太適用，但仍極具參考價值。

各位也可以自行測量你喜歡的雜誌或型錄的版心與邊界設定，嘗試各種研究，相信你會注意到其實有各式各樣的版心與邊界設定。

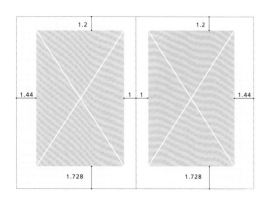

02

提升設計效率的魔法格子

網格的基礎知識

只要沿著網格的格線來配置要素,即可製作出井然有序的版面。
網格對設計而言,是不可或缺的重要系統。

☑ 網格與網格系統

網格是指縱、橫等距配置在頁面上的格狀導引線。使用網格編排的手法稱為「網格系統」。

網格系統起源於 20 世紀的歐洲,是現代平面設計代表性的設計手法之一。

網格系統是以一個矩形網格為基本單位,構成整個版面。沿著網格配置各要素,可做出整齊美觀的編排,這就是運用網格的好處。

當網格變大,網格數相對變少,各要素的位置大致底定。
整體看起來井然有序;但是配置變化有限,自由度較低。

☑ 運用網格的另一個好處

運用網格編排,還有另一個好處:事先規劃出網格來當作配置要素的基準,會比沒有網格時更容易編排。尤其當編排文字量多的資料,或是雜誌、書籍等版面時,利用網格可更迅速、果斷地製作出美觀的版面;編排多個頁面時,也可維持整體的一致性。

不過,若所有頁面都採取相同的編排,可能會使讀者覺得無趣,這點還請留意。即使是相同的網格設定,也可衍生設計出無數種形式,請參考下頁列舉的多種設計變化範例。使用相同網格來衍生編排形式,可同時兼備整體的一致性與各頁面的獨立性。

當網格變小,網格數相對變多,整體稍顯凌亂,但可實現多種編排形式,自由度較高。

☑ 版面編排的各種變化

網格大小會影響版面編排的變化性，但不論何種網格，皆可衍生出意想不到的多樣變化。有些人認為網格系統會將設計要素侷限在網格中，是種自由度低的無趣編排手法，其實不然。下圖是使用相同網格編排的變化例。雖然只是部分例子，但藉由這些例子，各位應當能夠理解網格可實現的多種編排。

即使是相同網格，也可衍生出多種編排變化。網格數可任憑各位自行決定，常用的參考值，直式 A4 尺寸約為縱 3～12 格、橫 3～7 格左右。若能以喜歡的設計為準，研究如何設定網格，應該也會很有幫助，你或許會注意到從同一種網格衍生的各種版面，會用一定的法則來維持一致性。

網格的設定方法

設定網格，並不是單純把頁面劃分出多個區塊就好。
雖然看似簡單，但建議你確實地依步驟來設定網格。

☑ 以圖片為基準的網格設定

在製作名片、DM、海報這類文字要素少的版面時，建議依照以下步驟來設定網格。

①　決定版心

決定版心的位置。

②　設定網格

任意設定縱橫等距的格狀線條，就完成了。

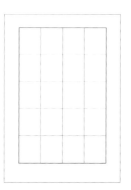

☑ 以本文字級為基準的網格設定

在製作傳單、公司簡介、型錄這類文字較多的版面時，建議依照以下步驟來設定網格。

①　決定版心，設定臨時網格

大略決定版心的位置，設定暫時性的網格。
這裡設定為橫 3 等分、縱 5 等分。

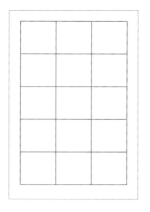

②　決定字級與行高

接著，決定本文的文字大小和行高，再將文字流排進步驟 ① 設定好的臨時網格中。

本例設定字級 8pt、
行高 14pt

行高 14pt（5mm）
行距 6pt（約 2mm）
字級 8pt（約 3mm）

1974年、真鍮、直径60 cm高さ 360
ていた。さらに調査を進めるヨー

③ 用文字大小決定網格大小

網格寬度雖然可以任意決定，但建議以「文字大小的倍數」為基準來設定較好。本例的字級為 8pt（約 3mm，1pt＝約 0.35mm），故設定為 3 的倍數 54mm。接著決定網格的高度。本例預設要在網格區塊中放入 10 行本文，請利用下列算式決定網格高度。

> 網格高度
> **行高 × 行數 - 行距＝網格高度**
>
> 本例
> 14pt (5mm) × 10 – 2mm = 48mm

以本文為基準設定網格時，須讓單一區塊的底邊與文字下緣（基線）對齊。因此，請務必刪除最末行多餘的行距。

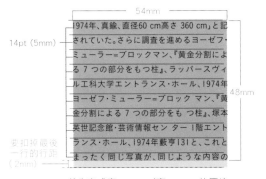

首先完成寬 54mm／高 48mm 的區塊

④ 複製區塊讓文字流排

複製區塊，讓文字從區塊流排到下一個區塊，以確認各區塊的首行是否貼齊上緣。

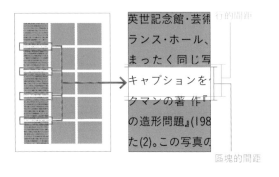

區塊的間距

⑤ 調整區塊間距

以字級為準，依下列算式調整區塊間距。

> 區塊間距
> **行距＋行距＋字級＝區塊間距**
>
> 本例
> 2 mm ＋ 2 mm ＋8pt (3mm)＝7mm

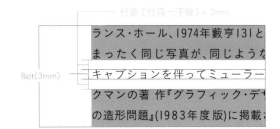

⑥ 調整區塊邊界

用上個步驟算出的數字，調整區塊間隔，再用上下左右的邊界調整其餘部分，就完成了。像這樣從字級與行距算出網格設定值，不只標題、照片或插圖，本文也可自由編排。在你思考各種版型時，請試著利用上述的步驟來設定網格。

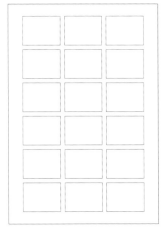

運用「完形理論」邁向「具傳達力的設計」的第一步

群組化（接近律）

整理資訊，再將同一類的資訊相鄰配置，這就是群組化。
當設計中有建立出明確的群組，讀者就能更直覺地理解內容。

☑ 運用「完形理論」的視覺法則　調整要素間的距離

人在無意中會將具有相同形狀、或是相鄰的事物，視為同一個「個體」。這種特質稱為「完形理論（Gestalt Theory）」。這是大多數人都具備的特質。

做設計時，若能巧妙運用這樣的特質，便能更迅速、正確地將資訊傳達給他人。

具體的實現方法，就是將相同群組或類似的要素配置在相鄰的位置；另一方面，若是較無關的要素，則隔開配置。

另外，當整體中有需要突顯的要素時，可將此要素從群體中抽離出來配置。請依據資訊內容，決定該群組化（相鄰配置），或是獨立化（隔開配置）。

當設計中有建立出明確的群組，就能讓整體產生一致性，使讀者能更直覺地理解內容。反之若沒有群組化，較難正確地傳達資訊。

☑ 先理解內容，再決定版型

為了讓群組化產生效果，務必對設計的構成要素有充分的理解。理解內容、釐清優先順序，是讓群組化更有效的重點。

包含群組化在內，運用人類與生俱來的特質來設計時，最重要的就是讓特質得以發揮。違背此特質時，會讓資訊變得更難理解。

✕

將關於東京和關於巴黎的文稿與圖像隨便配置，看不出照片與文字的關聯性，乍看彷彿兩個毫無關聯的個體。

○

○

將相關內容的要素配置在相鄰位置，無關的要素則隔開配置，藉此強調出群組，並清楚地呈現出資訊的差異。讓讀者更容易辨識內容，看起來也美觀。

☑ 群組化的重點

替各個要素群組化時，請留意以下幾項重點：

Point1 整合具相同意義與作用的要素

將關聯性高的資訊配置在相鄰位置，就能做到群組化。在視覺上提高各群組內部的關聯性，即可完成容易閱讀的版面。

Point2 避免替關聯性低的要素建立關係

關聯性低的資訊不可相鄰配置。適當地隔開，明確地表示沒有關聯性。

Point3 巧妙利用「地」

設計中所謂的「地」，指的是留白。在配置高關聯性群組與低關聯性群組時，請刻意地製造留白，明確地區隔出彼此的差異。

以名片為例，可將內容區分成「① 公司名稱」、「② 職稱＆姓名」、「③ 地址＆聯絡方式」這 3 個群組。替這些群組設定留白，可讓資訊更容易傳達。

用群組化強調有關聯性的要素。若將無關聯性的資訊相鄰配置，反而會變得難以理解。群組化之前，務必先充分地了解內容。

☑ 各種群組化

群組化的方法，除了相鄰、隔開等方法外，還可以運用顏色或形狀的群組化（相似）、或是用括弧或框線圍起來（封閉）等方法。

接近	相似	封閉

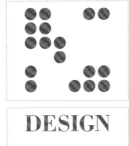

鄰近的要素，容易被視為是相同群組。

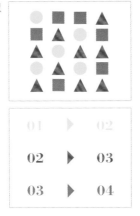

相同顏色或形狀的要素，也容易被視為相同群組。

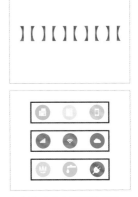

如括號【 】般封閉的要素，容易被視為相同群組；而 】【 較難被視為相同群組。

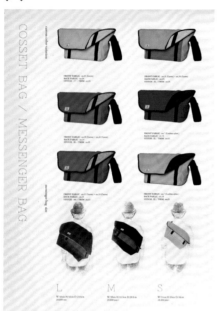

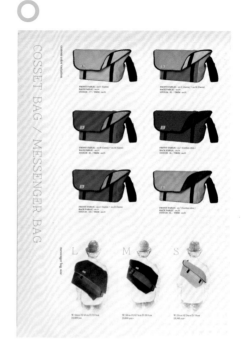

參考例 ①：商品型錄這類包含多種要素的版面，可將相似要素配置在相鄰的位置，群組化後，就會被視為單一區塊，讓設計變得清爽美觀。此例左邊的版面，商品圖和商品資訊沒有群組化，導致無法立刻辨識出商品圖和對應的商品資訊；而右邊的版面，將商品圖與商品資訊相鄰配置，產生群組效果，讓資訊變得更容易閱讀。

參考例 ②：製作純文字版面也是一樣，將同類要素群組化，強調其關聯性，就能讓設計更具傳達力。此例單純用文字來設計菜單，左邊的版面中，「Gin base」與「Vodka base」屬於不同類別，差異卻不太明確；右邊的版面將同類項目群組化，並與其他群組隔開配置，就變得容易辨識。這是最簡單的群組化方法，請牢記！

☑ 參考例 ① 的重點

讓商品圖與對應的商品資訊相鄰配置，藉此形成相同群組。如右圖，與其他商品清楚隔開，讓各群組變明確，資訊的傳達力也相對提升。

另外，在這個例子中，讓商品圖與文字間的空白（留白）高度一致也很重要。縱向排列商品時或許看不太出來，但整體來看，這類小細節往往會造成極大的差異。

左圖中，所有商品圖與商品資訊的間隔都一樣，使關聯性變得曖昧不明；右圖中，將商品圖與商品資訊相鄰配置，可清楚辨識出同一群組的商品資訊。

☑ 參考例 ② 的重點

將文字要素群組化時，可將標題的文字加粗、變大、或是改變文字顏色。如此一來，各項目就得以突顯，視覺上也更容易辨識資訊。

隔開不同項目，使各項目的差異變明確，也更容易閱讀。若將當作項目主軸的字體加粗、放大、使其突顯，讀者就能立刻判讀刊載的內容。編排雜誌之類的版面也可運用此手法處理，藉此讓讀者更有興趣繼續閱讀。

這點也記起來！ 　「對齊」的重要性

要將多個要素群組化時，重點就是「整齊配置」。關於設計時對齊的重要性，在P.34 會有詳細說明，但是對群組化而言，對齊也很重要，所以這裡先簡單說明。

群組化時，如果只是讓各要素相鄰配置，並不會讓設計變美觀。若只考慮到將資訊群組化，只要相鄰配置即可達成目的，但對設計而言，整體畫面也很重要。為了實現美觀的設計，請如右圖般，刻意地讓每個地方都排列整齊。

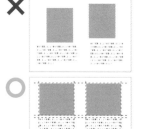

群組化時，控制要素間的空白（留白），有時會比對齊各要素的位置更重要。讓各要素的位置與大小一致，可讓設計產生統一感，呈現出井然有序的印象。

05 對齊

「對齊」與上一節的「群組化」一樣,都是非常重要的編排技巧。
這一節將詳細解說對齊的重要性與對齊的方法。

☑ 稍有偏差就會破壞整個設計

「對齊要素」是設計的基本。人看到工整排列的事物,本能上就會覺得「美」、「漂亮」。因此,**編排圖片或文字時,確實地對齊非常重要**。對齊可讓設計產生穩定感與「整體感」。雖然有時為了替版面增添變化與躍動感,會採取「刻意不對齊」的手法,但請務必在確實理解「對齊」這件事後再去嘗試。

人類的眼睛與頭腦非常精巧,只要稍有偏差,馬上就會感到不適應。因此在設計時,即使只是一點小差異,也請盡量避免。抱著「差一點也沒關係吧」的心態編排,很多地方就會出現小破綻,整體來看,就會顯得不太「整齊」。

☑ 該對齊什麼

在設計中,有許多「必須對齊的要素」。舉例來說,「圖表與解說文字」、「照片與圖說」這類應整合的要素就應該對齊。另外,讓要素間的空白(留白)寬度整齊一致也很重要。

不過,並非所有東西都得強制對齊。在上一節「群組化」也提過,利用對齊產生「整體感」時,只須對齊關聯性高的要素;若將無關的要素對齊,讀者反而會覺得是「難懂的設計」。

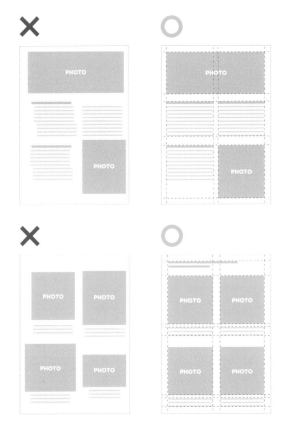

讓多個要素整齊排列,就會產生穩定感與整體感。此時請留意要素間的空白(留白)是否也整齊一致。

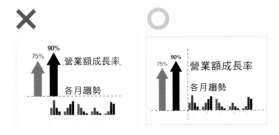

左例中,擺錯對齊重點,使內容變得曖昧不明,而且感覺不穩定。此時,將表示「各月趨勢」的「長條圖」靠左對齊,可強調出關聯性。另外,兩種圖表也應該對齊;右例讓圖表靠下對齊,即可感受到穩定感。

☑ 該對齊哪裡

「對齊」時，「對齊的位置」並非只有一個。有靠左對齊、靠右對齊、置中對齊等等，許多位置都可以對齊。在對齊要素時，找出最適合所有要素的對齊位置很重要。另外，如下圖般

讓「間隔」對齊也很重要。例如設計型錄這類包含多個區塊的要素時，請務必讓要素區塊間的間隔也排列整齊。

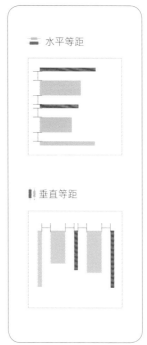

這點也記起來！ 》》 《《 **居中對齊很不容易**

居中對齊雖然是基本編排的手法之一，但請注意，此對齊法有「難以看出基準線」的缺點。如右圖，居中對齊與靠左或靠右對齊相比，較難辨識出基準線的位置。

對讀者而言，明確辨識出基準線，會比較容易理解製作者的意圖，製作版面時，除了居中對齊外，也想想靠左或靠右對齊的方式。多方嘗試，以拓展設計的可能性。

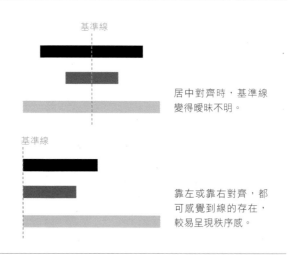

居中對齊時，基準線變得曖昧不明。

靠左或靠右對齊，都可感覺到線的存在，較易呈現秩序感。

☑ 對齊方法 ① 使用輔助線

對齊的方法之一，是替圖片或文字等「基準要素」建立輔助線（導引線），再沿著輔助線配置要素。

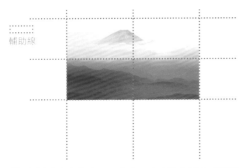

① 在基準要素的上下、左右、中央建立來「對齊」的輔助線。之後會依這些輔助線為基準來配置要素。

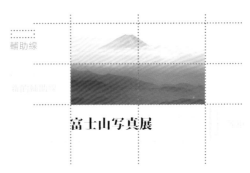

富士山写真展

② 沿著建立好的輔助線配置文字，再依據配置好的文字建立新的輔助線。空白（留白）的寬度也要對齊。

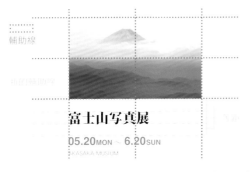

富士山写真展

05.20MON ～ 6.20SUN
AKASAKA MUSIUM

③ 配合建立好的文字輔助線，再配置其他文字。照片與下方文字間的空白、文字與文字間的空白寬度也要對齊。

富士山写真展

05.20MON 6.20SUN
AKASAKA MUSIUM

④ 以輔助線為基準來配置要素，物件間會被看不見的線整合在一起，產生井然有序的形象。

》》 這點也記起來！ 《《　　斜的輔助線

輔助線並不一定要使用水平或垂直線，也可使用斜的輔助線。使用斜的輔助線時，整齊排列的要素不僅可產生穩定感與一致性，也會因為傾斜而產生出「動感」。此表現手法請務必熟記。

對齊傾斜的輔助線，在整齊的穩定感與一致性中，還能呈現出力量與躍動的感覺。

☑ 對齊方法 ② 使用網格

使用輔助線有助於對齊個別的細微要素，但當你要針對整個版面配置大要素時，
前面提過的網格就能派上用場。網格設定得愈細密，可實現的版面變化就愈多。
不過，若使用太細密的網格，讀者可能會看不出基準線，這點還請注意。

即使用相同網格，也能產生出多種對齊方式。依對齊方式與對齊位置的差異，
結果也將大異其趣。上圖的 3 張版面都因整齊排列要素，而呈現出穩定感。

除了配置的要素，就連
要素的間隔等細節都要
對齊，這是基本原則。
若有想要特別強調的地
方，可讓該部分不規則
配置，但其他地方仍須
維持整齊。光是對齊要
素，就能讓設計意圖更
明確，完成井然有序且
美觀的版面編排。

☑ 不規則形狀的對齊方法

照片、矩形圖片或區塊文字這類相似的形狀，只要讓端點對齊，就能實現美觀的編排，但是如右圖這種不規則的形狀，用「端點對齊法」的結果並不理想。

這種狀況下，必須以各要素視覺上的重心（軸），或是佔有區域為基準，採目測的方式來對齊。在右例中，不單只是以各要素的左右中央為軸來居中對齊，而是實際依據各要素視覺上的重量平衡點（物體左右重量與面積均等的點）來對齊。此作業難以用電腦軟體的功能處理，得靠人工一一取決平衡來手動配置。

左圖：物體雖然靠右對齊，但視覺上的重量無法對齊，平衡感不佳。

右圖：根據外觀的平衡，以身體為基準來對齊。

左圖：單純以要素的端點來對齊，視覺上稍微缺乏穩定感。

右圖：依據外觀的平衡，把雞的插圖稍微往左移，看起來更有穩定感。請試著比較兩張圖，感覺哪邊比較好。

Chicken

"Gallus gallus domesticus" and "Chooks" redirect here. For other subspecies, see Red junglefowl. For other uses of Chooks, see Chooks .
This article is about the animal. For chicken as human food, see Chicken. For other uses, see Chicken.

Chicken

"Gallus gallus domesticus" and "Chooks" redirect here. For other subspecies, see Red junglefowl. For other uses of Chooks, see Chooks .
This article is about the animal. For chicken as human food, see Chicken. For other uses, see Chicken.

Chicken

"Gallus gallus domesticus" and "Chooks" redirect here. For other subspecies, see Red junglefowl. For other uses of Chooks, see Chooks .
This article is about the animal. For chicken as human food, see Chicken. For other uses, see Chicken.

Chicken

"Gallus gallus domesticus" and "Chooks" redirect here. For other subspecies, see Red junglefowl. For other uses of Chooks, see Chooks .
This article is about the animal. For chicken as human food, see Chicken. For other uses, see Chicken.

Chicken

"Gallus gallus domesticus" and "Chooks" redirect here. For other subspecies, see Red junglefowl. For other uses of Chooks, see Chooks .
This article is about the animal. For chicken as human food, see Chicken. For other uses, see Chicken

關於不規則的形狀，究竟是「對齊了」還是「沒對齊」，說穿了與製作者或讀者的主觀感覺脫不了關係，所以並沒有正確答案。最重要的是「觀察平衡」這個動作，因此請各位配置在自己覺得最適當的位置。

☑ 不規則形狀的對齊技巧

對齊不規則形的圖片時，可先將其框起來，再以外框為基準輔助線來對齊其他要素。此方法可將讀者的視線引導至矩形外框上，比較容易對齊。

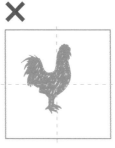

將物體放進外框時，請確實地放在框中央，以便對齊。

☑ 圖片的顯示範圍也要對齊

將要素間的位置與空白（留白）對齊固然重要，但是當配置同等重要的多張圖片或照片時，務必讓拍攝主體或是圖片的大小對齊，這點也很重要。

刊載多張人物照片時，請讓人物的大小一致。同樣的，在編排圖表與解説文字等內容時，也請讓各圖片的尺寸一致。

這點也記起來！　容易忽略的「應對齊的地方」

設計時，基本上會盡可能讓作品中所有部分都對齊，若是不工整，會給人散漫的印象。最容易忽略的地方，是區塊內的偏移。例如在設計標題時，經常將文字放入區塊中加以裝飾，此時請一定要確認天地、左右的空白是否對齊喔！

讓版面更容易理解、更吸引人的表現手法

對比

對比是讓某要素與其他要素之間產生「對比」的設計手法。
製造對比，是為了讓版面變得容易理解、更吸引人而必備的手法。

☑ 各種對比

對比是讓某要素與其他要素之間產生「對比」的設計手法。製造對比的方法如下：

❶ 大文字與小文字的對比（圖 1）

❷ 圖與文的對比（圖 2）

❸ 色彩的對比（圖 3）

❹ 密度高的部分與留白的對比（圖 4）

設計時，會利用對比來區別「欲強調的內容」與「不必強調的內容」。根據要素的內容與目的，適當地讓各要素產生對比，不僅能讓要素在版面中的作用更加明確，還可增添層次感，讓資訊更正確地傳達給讀者，同時版面也會顯得更美觀。

☑ 製造對比的方法

製造對比的重點是「清楚突顯要強調的要素」，與「確實地做出差異」這兩點。如果什麼都要強調，結果往往是讓對比變弱。另外，像是「B 好像比 A 大」這類曖昧不明的差異也沒有效果。請做到「B 明顯比 A 大」的程度差。

替要素做出明顯差異，會讓版面顯得層次分明，資訊也更容易理解。缺乏適度對比的版面，讀者將無法掌握製作者的意圖，甚至會誤以為是製作時發生了偏差或失誤。

圖 1

用文字的大小營造對比，讓版面層次分明的例子。

圖 2

替圖片與文章營造對比，增添層次感的例子。

圖 3

用冷色系與暖色系這類配色效果營造出對比的例子。

圖 4

留白多的區域與資訊密度高的區域形成對比的例子。

☑ 對比的設定範例

以下準備了兩個簡易的例子來説明對比。左例對比不明顯，不僅難閱讀，也不美觀；
右例則是具備明顯對比的例子：「主題」與「標題」有明顯差異（對比），即使不讀
內容，也可一眼辨識資訊，整體版面也比較美觀。

雖然是偏向簡約的設計，
但因為提高了對比，一眼
就能理解各要素的作用。

對比不高，不僅難閱讀，
版面也不美觀。

☑ 用對比讓設計重生

如果將目的、作用、重要度不同的要素，都處理成相同大小，會讓版面顯得很無趣。
找出版面中最重要的或是有趣的部份，加強其對比，版面就會煥然一新、魅力橫生。

照片主體的大小看起來相同

此設計雖然也能傳達資訊，但所有
要素大小都一樣，有點無趣。

突顯主圖。光是改變這點，版面就
顯得層次分明，看起來更吸引人。

將主圖去背並做黑白處理，並利用
留白營造層次感，做出差異化。

☑ 何謂躍動率

版面中「較大部分」與「較小部分」的比例，稱為「躍動率」。比例高代表「躍動率高」，比例低則表示「躍動率低」。

版面給讀者的印象，會因躍動率而大幅改變。躍動率高會給人誇大渲染感，可提高訴求力。

另一方面，躍動率低則會給人沉著感，可呈現具高級感的版面。

躍動率低

躍動率高

☑ 文字的躍動率

文字的躍動率，則是指「本文字級」與「主題」、「標題」、「文案」大小的比例。

版面中存有多種不同目的與作用的文字要素時，**藉由改變字級來增添對比，可讓各個文字要素的作用更顯著**。適當地增添對比、將資訊層級化，可讓讀者順利地循序閱讀，「欲傳達的資訊」也得以準確地傳達出去。

想讓版面引人注目，可提高主題或標題等的躍動率。躍動率高的版面，讀者只要掃視一下就能找到想讀的資訊。

放大文字就能提高躍動率，此手法不僅簡單，而且能快速傳達資訊，因此常用於雜誌封面、新聞標題、廣告等各式媒體上。

反之，若是設計讓人慢慢閱讀的書籍、或是想讓人輕鬆閱讀的版面，則可設定低躍動率。

另外，要提高文字躍動率時，也可用字體樣式（P.108）來營造對比。依據設定的字體樣式，帶給讀者的印象也將大幅改變。

BUCKMINSTER FULLER
バックミンスター・フラー展
「人間のための建築、宇宙のための建築」

ワクワク美術館
2020 年 5 月 10 日〜 5 月 28 日
東京都渋谷区神宮前 0-0-10　　TEL 03 - 1234 - 00017
www.buckminsterwakuwakuart.pp

BUCKMINSTER FULLER
バックミンスター・フラー展
「人間のための建築、宇宙のための建築」

ワクワク美術館
2020年5月10日〜5月30日　www.buckminsterwakuwakuart.pp

根據資訊的優先順序替文字增添大小層次，就能讓版面產生對比，提升閱讀性，資訊也更容易辨識。

☑ 文字躍動率高的設計

放大主題或標題，就會提升視覺引導性，讀者只要簡單看過版面就能掌握資訊。
需要快速傳遞資訊的廣告、雜誌或 POP，都經常利用此手法。躍動率高的設計，
可說是賦予視覺震撼極有效的方法。

左圖：最小字與主標「SALE」的躍動率高，資訊的重要性變明確。稍微看一眼就能判讀重要資訊。

右圖：躍動率高時，容易讓版面看起來生動鮮活，想要營造快樂有朝氣的印象時效果很好。

☑ 文字躍動率低的設計

躍動率低的版面，則會讓讀者感到「高級感與信賴感」、「有品味具說服力」、
「知性可靠」等印象。適用於要讓讀者細細品味的書籍、型錄、DM 等製作物。

躍動率高

躍動率低

婚宴菜單的設計，為了營造舒適感，替文字設定低躍動率。

躍動率低會給人舒適的印象，適用於展現高級感。在左例中，主文案太大，顯得笨重又不清爽；而右例的主文案較小，表現出耳語般的靜謐感。

☑ 照片、圖片的躍動率

有多張照片或圖片須安排優先順序時,將優先順序高的照片放大配置,可讓重點更明確、提高躍動率,藉此控制讀者的視線。

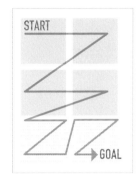 

觀看橫式版面時,視線通常是從左上往右下,呈「Z型」移動(P.68)。如左圖將照片與圖片並排配置時,視線會如往常般移動,但如果像右圖般將其中一張圖放大,就會產生有別一般的視覺動線。

照片沒有躍動率的設計

雖然文字有設定躍動率,漂亮地整合在一起,但每張照片的大小都相同,無法明確傳達出設計的重點。

照片躍動率低的設計

文字與照片都有控制躍動率,並利用留白賦予版面層次感。整體印象舒適穩重,訴求重點也變明確。

照片躍動率高的設計

文字與照片的躍動率都高,整個版面上有極大的反差,給人歡樂、有活力的印象,訴求重點也很明確。

☑ 躍動率的決定方法

思考躍動率時,除了憑感覺調整外,也可利用「等差」、「等比」、「算式」為基準來決定。當你無法憑感覺判斷時,請參考右表。

	等差數列	等比數列	費氏數列
數列	1,2,3,4,5…	1,2,4,8,16…	1,1,2,3,5,8…
大小(圖形)	▪▪■■	▪■■	▪▪■
大小(文字)	ぁあああ	ぁあああ	ぁあああ
距離(間隔)	‖‖‖	‖‖	‖‖
長度(分割)	▌▌▌	▌▌	▌▌

這點也記起來！ **字體的視覺效果**

何謂字體的視覺效果

文字的大小，可以用聲音的大小來比喻。當文字單調地並排，就像平鋪直敘的
講義，令人過目就忘。我們說話時為了將想法傳達給對方，會帶點抑揚頓挫，
設計時也應該這樣，依內容變更文字的粗細、尺寸、顏色與字型，增添變化。

 文字的躍動率不明確

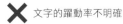 文字的躍動率不明確

○ 文字的躍動率明確

單調的版面很難傳達設計的訴求
重點，也會給人無趣的印象。

強調所有要素，像是在吵架般，
給人狹隘感，資訊也很難傳遞。

只把需要強調的部分突顯出來，
版面易讀性高，而且生動活潑。

文字的組合

字體也有各自的個性。為了好好發揮此個性，在思考字體的躍動率時，可使用
具共通個性的字體家族（P.113），如此便可完成賞心悅目的設計。

用同一字體家族組合的例子
50% off

用不同字體家族組合的例子
50% off

用不同字體家族組合的例子
50% off

請看上圖，「50% off」都是採細字體結合粗字體的設計，而最左圖是用同一
字體家族來組合。請注意「%」的圓圈部分與「O」的形狀，用同一字體家族
來組合時，因為具共通性，所以不會不協調。反觀中間與右圖的例子，細字
體與粗字體的共通性相對較低。如果要讓設計看起來美觀，協調性很重要。
思考文字的躍動率時，活用字體家族便能營造出協調感。

07

表現統一感最簡單的技法

重複

「重複」是指用相同設計原則編排多張照片、圖片與文字的技法。
製作有多個同階層要素的版面時,「重複」是實用且基本的技法。

☑ 用「重複」表現統一感

「重複」是指用相同設計原則編排多張照片、圖片與文字的技法。替多個要素套用相同的設計原則,可營造出規則性,讓整體產生整合感與統一感。

「重複」這個技法非常簡單,卻能帶來極大效果。尤其當版面中存有多個目的與作用相等的要素時,這個方法特別有效。

舉例來說,由多組商品構成的商品型錄,如果每組商品都個別設計,容易顯得雜亂,這時若用相同設計原則來編排,就能完成具整體感與統一感的版面。

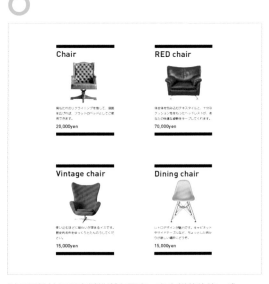

這個設計個別來看並沒有問題,但由於各自的設計迥異,導致整體缺乏統一感。

☑ 重複的數量與效果

重複的要素愈多,效果愈顯著。只有 2、3 個時,或許看不出規則性,若重複的要素增加至 4 個、5 個,讀者就很容易掌握其規則性。

以相同設計原則來編排所有要素,產生俐落的統一感。

☑ 確實地讓所有要素套用重複原則

活用「重複」原則時，不只是版面中的部分要素，還有相同群組中的所有要素，都必須套用重複原則。具體來說有 ❶ 照片或圖片尺寸、❷ 字級、❸ 字體樣式、❹ 框線等裝飾、❺ 顏色、❻ 配置、❼ 邊界等。只要有一個不遵守重複的原則，就會大幅破壞版面的規則性。想要整合的部分，請徹底整合在一起吧！

✖

〇

乍看設計似乎有重覆，但仔細看的話，會發現「英文字的大小寫」、「分隔線的粗細」、「字體的大小」、「文字的組合方式」都參差不齊，破壞了統一感。

英文字的大小寫、分隔線的粗細、字體的大小等要素都整齊地重複編排，讓版面產生統一的整體感。與左圖相比，可看出明顯的差異。

☑ 對比＋重複

編排的要素具規則性時，可活用前面解說過的對比（P.40）來強調主題與標題、然後「重複」配置。這麼做不僅可整合要素，資訊也變得更容易傳達。這個方法用在長文章的標題時效果也很好。

✖ 〇

以重複技巧結合其他技法，效果加倍。

☑ 資訊的傳達力

適時地運用「重複」原則，可讓讀者立刻理解版面的構成與內容，加倍提升資訊的傳達力。

右例的設計並不差，但菜單上的圖文資訊應該有關連性，此編排卻缺乏規則，讀者難以辨識出對應的商品名稱與價格。

相反地，下例的商品依重複的原則編排，讀者一旦理解編排規則，很快就能掌握菜單的所有內容。相較之下，哪張設計好便一目了然。

設計本身不差，但因個別的設計迥異，較難理解整體的版面構成。

用相同的設計來統一重要程度近似的商品，讀者不僅可理解資訊的重要性，看起來也具統一感。

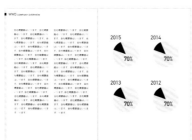

製作多頁版面時，重複使用共通的「顏色」、「字體」與「格式」，
可強調整體的統一感。上方案例的下圖裡，將所有的頁面皆統一使用
顏色＝黃色、字體＝黑體。

公司用品（信封、名片等等）的設計範例。將「顏色」、「字體」、
「LOGO」重複運用在各式用品上，強調整體的關聯性。

08

製作生動版面的經典技巧

滿版出血配置

想要有效地表現出空間感或是主體的動態感，可運用滿版出血的技巧。
請依據你想突顯的要素來編排整體版面。

☑ 跳脫常規

前面曾經提過「將設計要素配置在版心內是基本法則」（P.22），但是根據要展現的形象，也有時會採用跳脫基本常規的編排方式。

滿版出血配置是指讓照片或圖片超出版面配置的技法。將所有要素匯聚在版心內，如果過於強調版面的矩形，容易產生狹隘感。若運用滿版出血配置，可有效表現出空間感與主體的動態感。

☑ 空間與主體

照片，其實是透過相機鏡頭把風景裁剪後的狀態（已裁切的狀態）。而把照片配置到版面上時，等於是二次裁剪。

思考編排方式時，請思考是要突顯主體，還是要發揮整張照片的氣氛，再判斷是否要滿版出血。

如果要突顯主體，只要遵循基本法則，將照片配置在版心內即可達成目的。

相反地，如果想要展現照片的氣氛，則適合如右下圖這樣採取滿版出血配置。

下一頁還有數個具體範例，可協助各位確認滿版出血與否對版面印象的影響。

另外，這種技法並沒有所謂的標準用法。重要的是根據欲表現的目的來靈活運用。

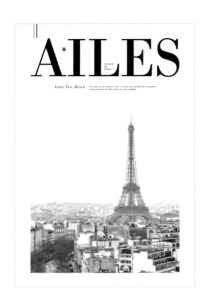

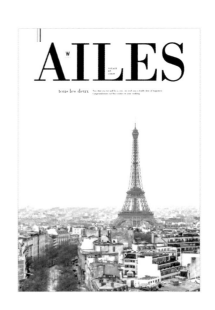

左圖：將照片編排在版心內部的設計範例。利用留白區隔空間，讓視線集中在中央，版面具穩定感。另外，整體氛圍與其說是「現在」，反而更接近「過去」，給人一種時間靜止的感覺。

右圖：讓照片滿版出血的設計範例。天地左右沒有留白，版面產生空間感。另外，整體氛圍比起「過去」，更能給人一種「現在進行式」的感覺。

☑ 發揮照片本身的印象

在研究滿版出血配置時，請花心思想想如何發揮照片本身給人的感覺。**滿版出血配置，是替版面營造空間感的基本編排手法之一**，但並非所有照片都適合。若有多張照片可選擇，建議你一張張實際配置看看，判斷效果好壞。

另外，並非一定得讓照片的四個邊都出血。只有上方出血、只有左右出血等部分出血也具效果（請參考下例）。

婚宴會館宣傳手冊的跨頁設計範例。左頁採取讓照片滿版出血的編排，和右頁設計形成強弱對比。主要照片滿版配置，不僅可強調空間感，還給人一種彷彿直接俯視料理的真實感。

雜誌的跨頁設計範例。把具有動態感的照片（左上的照片）設計成滿版出血，左下的照片則配置在版心內，在表現動態感之餘，也讓版面呈現穩定感。像這樣編排具動態感的照片時，同時注意到相同版面中「靜止」的部分，即可完成平衡的版面。

婚宴會館型錄的封面設計範例。照片左右出血配置，看起來彷彿電影螢幕，呈現出戲劇般的氣氛。

用重心決定版面的平衡

重心與外觀

在版面上編排各種要素時，必須看出各要素的「重量」、考慮整體的「重心」。
如果尚未釐清重心的順序就開始編排，會讓版面缺乏穩定感、看起來不平衡。

☑ 要素的重量與版面的平衡

在版面上配置設計要素時，必須看出各要素的
「重量」，然後考慮整體的「重心」來編排。
如果尚未釐清重心的順序就開始編排，會讓版
面缺乏穩定感、看起來不平衡。

思考版面平衡的訣竅，在於思考設計要素的
「重量」（圖1）。

**「重量」可置換成文字、照片、圖片、色塊的
濃度差來思考**。濃度或密度高者較重，反之，
濃度或密度低者則輕。

文字筆畫愈粗、字距愈近，看起來密度愈高，
就會給人重的感覺；照片、色塊與背景的對比
愈大，感覺愈重。

另外，相同大小的文字、照片或是色塊，顏色
深的感覺較重，淺的則較輕。

在配置各要素時，請先意識到這些「重量」，
再去思考版面的重心。讓重心落在版面中央，
就能呈現穩定感。

例如圖2在右上方配置圖片時，若能在左下角
也配置相同尺寸的圖片，重心就會落在中央。

另外，若如圖3這樣利用居中對齊把左右重心
放在中間，也有穩定的效果。

其他方法還有如圖4般，把淺色的照片放大、
置於左下角，並將深色照片縮小置於右上角，
也能讓重心看起來落在版面中央。

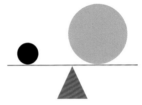

圖1
思考整體平衡時，必
須注意到各要素的
「重量」。「重量」
是指要素的大小、密
度或顏色濃度。

圖2
在版面右上與左下配
置相同要素，使重心
落在版面中央，呈現
具穩定感的編排。

圖3
全部居中對齊，可讓
左右均衡，完成具穩
定感的版面。

圖4
要素的「重量」也會
隨顏色深淺改變。本
例是將深色塊配置在
上方，反過來配置也
可以。這個方法能快
速地製造強弱感，故
經常被運用。

☑ 決定重心的方法

讓重心落在版面中心可呈現穩定感。以下有幾個重心在版面中央的範例供參考。

另外，學會此方法後，當然也可參考將重心放在版面中心以外的技巧。

左：重心偏右下，導致視線會飄到右下方。

右：在左上方追加元素，取得上下平衡，讓視線落在中央。

兩圖並無對錯之分，但可看出藉由控制重心可引導讀者視線。

左：將要素配置在版面中央。這是營造穩定感最基本的方法。

中、右：配置在版面邊角的文字偏「重」（濃度深、密度也高），因此將照片置於接近中心的對角線上，讓重心落在版面中央。

左：在對角位置配置照片，藉此取得平衡。

中：將要素集中在中間，藉此取得平衡。

右：為了讓重心落在中央，在對角位置安排與照片顏色較深部分（頭部）同色的文字。

照片的重心並非取決於整張照片，亦可觀察部分區域來判斷重心。

「無」的設計

留白的設定

編排版面時，不能只想著「該把要素擺在哪裡？」思考「哪裡該留白？」也很重要。留白的設定將會大幅改變呈現出來的印象。

☑ 思考哪裡該留白

留白是指版面中沒有配置任何要素的空白處。一般會把留白當成「剩餘的空間」，但是在做設計時，必須意識到留白應有的狀態。

把所有要素都配置在版面中央，版面就會產生均等的留白（圖1）。要製作平衡的版面，這是最保險的留白設定方法。

相對地，如果是靠左或靠右對齊的版面，留白理所當然地會偏向其中一邊。這種作法，會讓密度高的部分與低的部分形成對比，版面顯得層次分明（圖2）。

圖 1
居中對齊會讓留白均等，產生穩定感。不過，此方法並不算是「有效發揮留白空間」的編排樣式。

☑ 留白的作用

留白，除了作為版面呈現的要素外，同時還具有**整合多個要素、以及強調重點的作用**（圖3）。

舉例來說，在欲突顯部分的周圍設定大範圍的留白，就會與其他要素產生對比，進而被認為是獨立的存在；另一方面，留白少的部分可能被認為是同一個群組。

在熱鬧的地方，就算發出很大的聲響，也可能會被忽視；相反地，在安靜的空間裡，即使發出微小的聲音，也可能引起共鳴。把這比喻換成設計，就是「安靜的空間＝寬廣的留白」。

思考如何編排時，有個方法是把欲強調的要素放大，另外，也可以在欲強調之項目周圍設定大量留白，這個方法也很有效。

圖 2
所有要素靠左對齊，讓右邊留白，使得版面中密度高的部分與低的部分形成對比。

圖 3

CAFE & BAR
WAKUWAKU CAFE
東京都渋谷区渋谷 1-2-3
TEL 03-12345-1234
OPEN 11:00 / CLOSE 26:00

CAFE & BAR
WAKUWAKU CAFE

東京都渋谷区渋谷 1-2-3
TEL 03-12345-1234
OPEN 11:00 / CLOSE 26:00

文字間均等排列的例子。不易看出哪些要素具關連性，較難傳達資訊。

將關聯要素相鄰配置，並在重點要素周圍大量留白，比左例清楚易懂。

☑ 留白的大小與賦予版面的印象

依留白的範圍大小，版面的印象也會大幅改變。這不僅限於版面編排。舉例來說，請試著想一下店頭的商品陳列。像免稅店這類店家，商品擺設密集，表現出「歡樂」、「熱鬧」的感覺；而販售高級商品的店家或藝廊，則會拉開商品間的距離，呈現出舒適高級感的氣氛。

編排版面時也可比照思考，亦即空間的用法＝留白的用法。即使是相同的照片或圖片，也會因留白的多少，而給人截然不同的印象。留白少，會給人歡樂有朝氣的感覺；留白多，則給人具高級感的寬敞印象。

左：留白少，版面呈現熱鬧、歡樂的氣氛。
右：將商品間的間隔拉開，加大留白，呈現寬敞感。

左：留白少、文字躍動率高的版面，呈現出熱鬧感。
右：留白大，給人寬敞的舒適氣氛，呈現出高級感。
兩者的內容相同，給讀者的印象卻截然不同。

☑ 留白呈現的空間感

若因為設計要素少，而將所有要素放大配置，反而會讓版面顯得拘束難以閱讀。

配置少量要素時，可利用表現空間的編排法，研究如何發揮留白的作用。

「表現空間」是指賦予留白意義的編排法。也就是說，避免讓留白變成「各種要素編排後的剩餘空間」，而是**事先賦予留白任務，再設法具體實現的留白設計**。

☑ 留白設計的基本技巧

賦予留白意義的基本作法是「靠左對齊」、「靠右對齊」、「靠上對齊」、「靠下對齊」。請避免使用不適合的「居中對齊」。

居中對齊之所以不適合，是因為若一開始就將要素配置在版面中央，均等的留白較難呈現空間感，也會限制其他要素的編排，較難變化編排樣式（圖1）。

反之，若從版面的角落開始思考編排，寬廣的留白會帶來空間感，利於思考各種版面編排（圖2）。

☑「從角落開始對齊」很重要

為了表現出空間感，需要左右不均等的留白，因此通常會從版面的角落開始整齊編排要素（圖3）。只要讓上下左右任一邊對齊，就能明顯地區隔出要素所在與留白位置，並往一定方向拓展空間，如此便能讓版面兼具空間感與穩定感。

設計留白時，若沒有對齊要素、隨意配置，會使版面的重心（P.52）顯得不明確，給人馬虎散亂的感覺（圖4），請多加留意。

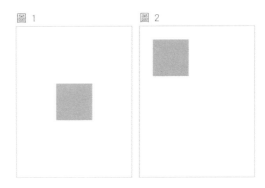

圖1　　　　圖2

左：一開始把要素配置在版面中央，上下左右的留白均等，難以表現出空間的廣度。
右：將要素配置在版面角落，留白面積廣，便於思考各種編排樣式。

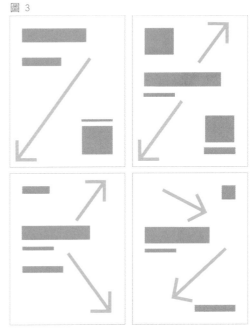

圖3

以上下左右任一邊為基準整齊編排要素，就能往特定方向衍生空間感，版面也因此產生穩定感。

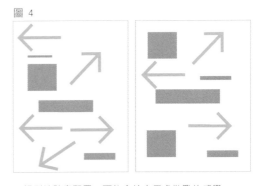

圖4

不規則地隨意配置，可能會給人馬虎散亂的感覺。

☑ 製造喘息空間

表現空間感的秘訣之一是「製造喘息空間」。即使版面要素編排適當，但如果在版面的四個角落都有配置要素，會讓空間無法往外擴展，可能會給人狹隘抑鬱的印象（圖 1）。

想要讓空間發揮最大極限，同時呈現開放感，請在 2～3 個角落配置要素，刻意製造喘息空間（圖 2）。雖然這是個很簡單的方法，但是光這麼做，就能改變版面印象。

除非你是刻意想要製作具緊張感的版面，否則只要控制版面的角落編排，確實地製造喘息空間，就能避免破壞穩定感、有效發揮留白。請留意配置要素的份量來編排版面。

圖 1

版面的四個角落全都配置了要素，很難表現出空間感。

圖 2

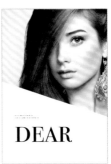

版面中有明確的喘息空間，完成具空間感的版面。

11 對稱

人類的天性是對於對稱的事物會無條件感覺到「美」。
想要表現簡潔高雅的氣氛時，此技法會很實用。

☑ 對稱就是美

「左右對稱、反轉」都屬於「對稱」，是指在
目標物中央配置輔助線或點當作反轉軸，再以
此軸為中心來對稱配置要素的技法。

具對稱性的事物，會被人類視認為「有規則性
的圖案」，而無條件地產生美的感覺。教堂、
宮殿等傳統建築、家電上都能發現對稱之美。

左右對稱	鏡像對稱	點對稱	平移

對稱除了廣為人知的左右對稱（線對稱）、反轉（鏡像對
稱）外，還包含「點對稱」與「平移」。這類構圖具對稱
性，故能給人穩定感。

☑ 對稱構圖

對稱會讓左右的留白均等，完成具穩定感的沉
靜版面。因此，此技法適用表現制式、傳統、
古典的設計。

對稱是指依版面中央的垂直線「左右對稱」，
也就是所謂的置中對齊（圖 1）。

發揮此構圖的重點，在於製造適當的留白。當
配置要素過多、配置的要素過大，會讓人感到
壓迫感，產生拘束狹隘的印象（圖 2）。

另外，當配置要素過少，也無法表現對稱性，
請多加留意（圖 3）。

圖 1
版面置中對齊、左
右適度留白，形成
美觀的對稱。

圖 2

圖 3

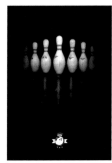

左：配置要素過多、使留白變少，且讓版面呈現壓迫感。
當要素多時建議嘗試其他的技法。
右：配置的要素過少，使對稱性變得薄弱。

☑ 三角形與倒三角

版面採用對稱構圖時，使用具對稱性的照片，或是讓文章也呈現對稱性，可讓設計更美觀。

此外，此構圖技法依版面重心的位置，版面印象也將隨之改變，請根據用途及目的靈活運用。

重心在下半部的三角形構圖，可強調穩定感；而重心在上半部的倒三角構圖，則會給人緊張感。

三角形構圖

三角形對稱構圖，版面的重心會落在下半部，呈現穩定感。

倒三角形構圖

倒三角形對稱構圖，可表現具緊張感的版面。

這點也記起來！ 《 適用於對稱版面的字體

對稱適用於高貴優雅的設計，因此字體選擇上，比起無襯線字體（sans serif），使用有襯線字體（serif）會更具效果。

右邊的兩個例子設計相同，只有變更字體。相較之下，左圖使用有襯線字體，顯得更具傳達力。

使用有襯線字體

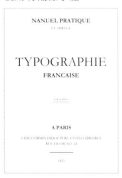

使用無襯線字體

對稱的應用技巧

12 比較

當版面中具有多個具關聯性的要素時，即可運用「比較」的技法。
以視覺化的方式來強調彼此的關聯性。

☑ 何謂比較

「比較」是指將版面分成二等分，讓關連性強
的要素形成對比的編排技巧，想要強調兩者的
關聯性時經常使用。若能巧妙運用，不僅能夠
表現獨特性，讓讀者感到震撼，還能直接傳達
訊息。這個技法在廣告中很常見。

在比較不同公司之產品或風格的廣告中，經常
看到這種直接且大膽的表現手法。不過在日本
廣告中，較少這種大膽表現，而常應用於商品
型錄的「使用前後比較（Before、After）」。

☑ 比較的基本做法

要比較時，基本作法是將要素同等化，因此通
常會採取對稱性的編排。能夠呈現出對稱性的
編排如下：

❶ **鏡像對稱**（圖1）

❷ **點對稱**（圖2）

❸ **平移**（圖3）

另外，比較用的版面構成，不只用來強調對稱
要素的差異，也適用於並列編排要素、或是做
出一眼就能看出不同事物共通性的效果。

圖1

鏡像對稱。就像照鏡子般左右反轉的構圖編排法。
適用於包含多個同等重要性商品的版面、對談、對
照效果廣告等等。

圖2

點對稱。以點為軸心旋轉的構圖編排法。能營造出
輕快感，實現均衡的編排。

圖3

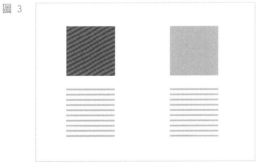

平移。將相同的版面平移複製的構圖編排法。適用
於包含多個重要性商品的版面。

☑ 比較的具體範例

即使主體的內容不同，只要採取對稱性的編排，就能讓讀者在無意中比較兩者。
除了具關連性的要素，用來比較「靜與動」、「狂野與時尚」、「過去與未來」
等對照性的要素，也能得到有趣的效果。

點對稱構圖的編排。雖然其對稱性不如鏡像對稱及平移，但由於編排要素左右共通，故也可強調左右的關聯性。

將「靜」與「動」迥異的照片做同等比較之範例。要比較不同的形象時，重點是讓要素同等配置，產生具對稱性的編排。強調彼此的關係，版面就會產生協調性。

利用商品顏色來比較的對稱性構圖。兩者互相對比，藉此突顯彼此的特徵，讓性格差異更為鮮明。

「狂野」與「時尚」的比較例。使用鏡像構圖強調彼此的關聯性，充滿故事感。

13

舉世聞名的比例

黃金比例與白銀比例

黃金比例是利用近似值 1：1.618（約 5：8）來表現的比例。
本節將說明全人類都覺得「美」的「黃金比例」，以及日本人熟悉的「白銀比例」。

☑ 何謂黃金比例

黃金比例是利用近似值 1：1.618（約 5：8）來表現的比例。依這種比例製成的矩形稱為「黃金矩形」，用黃金比例來分割畫面則稱為「黃金分割」。

從古希臘時代起，就把黃金比例視為「完美的比例」，舉凡帕德嫩神廟、米洛的維納斯等許多漂亮的建築物與美術作品，多採用次比例。

即使到了現代，也廣見於 Apple iPhone 或煙盒等設計，連自然界的萬物中也存在此比例。

黃金矩形

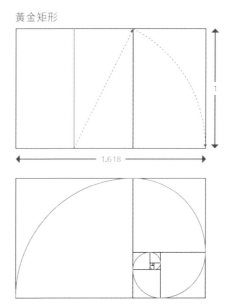

☑ 何謂白銀比例

白銀比例，是利用近似值 1：1.414（1：$\sqrt{2}$）來表現的比例。依這種比例製成的矩形稱為「白銀矩形」，比例與 A4、B4 等一般紙張的比例相同。另外，若把長邊二等分，會與原本具白銀比例的矩形相似是其特徵。

這種比例常見於日本傳統建築物，例如法隆寺與五重塔，皆是以這樣的比例建造而成。由於是日本人熟悉的比例，故也稱為「大和比」。

與橫長形的黃金矩形相比，白銀矩形似乎更具親切感，讓人感到格外平靜安穩。

白銀矩形

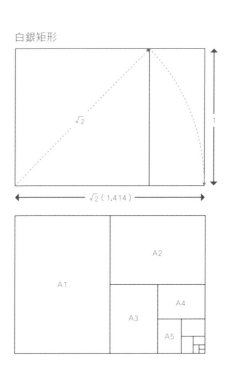

☑ 黃金比例與白銀比例的設計應用

黃金比例與白銀比例的設計應用例很多，例如用黃金比例分割的版面、以黃金比例為基準的網格設計，或是將圖片裁切成黃金比例、以白銀比例為輔助線來配置文字等等。黃金比例、白銀比例終究只是個比例，如何運用視各位而定。請多下點工夫，嘗試挑戰各種編排。

不過，設計本身其實是很自由的，而且黃金比例與白銀比例也不是完美法則，所以請留意別過度使用。使用過度有可能讓版面過於規律一致，讓設計顯得無趣。請務必依風格與目的靈活運用。

以黃金比例為基礎的網格設計

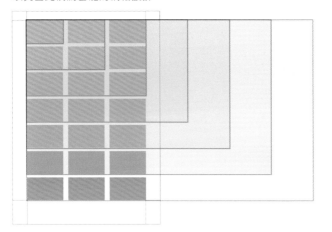 

用黃金比例建立基準網格。此時，網格的比例、版心的比例、邊界的比例，全都會變成黃金比例。右圖是活用範例。

黃金分割

穩定、給人沉穩感的構圖。與三分法則（P.64）同為有名的分割法。

以白銀比例為基礎的版面設計

版心、邊界、圖像都採用白銀比例的例子。與橫長型的黃金矩形相比，使用與版面大小相同的白銀比例，可呈現沉著的穩定感。

規律性分割版面的編排技法

14 三分法則

將版面分割為規律的三等分，使其看起來美觀，這就是「三分法則」。
將三等分的其中兩等份整合為一，形成 1：2 的構圖，即可製作出具穩定感的版面。

☑ 將版面三等分

三分法則是指把版面三等分，以各自的基準線
與區域為基準劃分要素，配置欲突顯的重點，
藉此取得整體平衡的編排技法。

將三等分的其中兩等份整合為一，形成 1：2
的構圖，即可製作出具穩定感的版面。

三分法則不只用於分割版面，在決定設計重點
的配置位置時也很好用。在配置要素時，參考
分割線或分割後的區域，自然就能取得平衡。

此技法無關版面的寬高比，只要三等分就能馬
上應用，請你務必牢記此技法，會很受用喔！

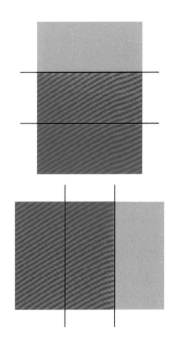

如上圖般將版面分割成三等分，來思考各要素的
配置位置。分割線可以是直線或橫線，但是建議
直式版面採橫向分割，橫式版面採直向分割，才
比較能夠感受到此技法的效果。

這點也記起來！　　**攝影構圖中的三分法則**

三分法則並不僅限於設計上的編排。攝影時
的構圖也經常使用此法則。

最近的智慧型手機和相機，在拍照時也能在
畫面上顯示三分構圖的導引線，相信多數人
都知道，只要如右圖般以分割時的基準線或
各區域為基準來配置拍攝主體，即可拍出具
穩定感的照片。

　黃金分割　　三等分

攝影構圖也經常應用到三分法則。

左：雜誌封面的設計範例。版面採 1：2 的比例分割，明顯區隔出標題部分與照片部分，兩者形成對比，設計顯得層次分明。

右：公司簡介的封面設計範例。以分割線為基準去配置設計要素。此例雖然看不見明確的分隔線，但整體設計仍有明顯的穩定感。

雜誌版面的跨頁設計範例。版面採 2：1 的比例劃分出照片區域與文字區域。根據要素作用明確地分割版面，有效地形成對比。

快速傳遞資訊的方法

倒金字塔

大部分的製作物與資料,都是為了傳達特定資訊給讀者而製作的。
在此將介紹能有效達成此基本目的之編排方法。

☑ 結論→特徵→細節

倒金字塔,是從重要性高的**資訊依序顯示資訊**的表現方式。具體來說,一開始先顯示結論,接著再依重要性,依序顯示此結論的細節。

此方法經常使用於新聞節目,能在短時間內有效率地將資訊傳達給讀者。

倒金字塔由引言與本文所構成。引言包含 5W1H(When、Where、Who、What、Why、How)這 6 個要素,是傳達資訊的重點;而本文,則是接續引言的資訊區。一邊將這些資訊群組化,一邊依重要性順序排列,即可將想要傳達的資訊,編排成更容易傳達的形式。

設計的目的就是準確地傳達資訊給對方。因此,開始設計前先確實了解製作目的,條列出 5W1H 很重要。確實執行此作業,讓設計目的變明確,就能判斷出須強調的部分與不甚重要的部分。

除此之外,事前的資訊整理還可強化設計形象。例如可思考該如何強調重要性高的部分、反之該如何簡化不重要的部分等等,思考過後,再藉由視覺化手法順暢地提供資訊。

確實地整理資訊再做設計,可幫住讀者瞬間理解此製作物的目的,並且牢記在心。

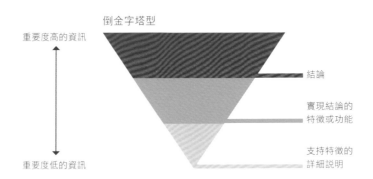

倒金字塔型結構。與英文文法一樣從結論開始提供資訊,可讓讀者快速理解資訊,在新聞報導中經常使用。
像這樣將資訊視覺化,可流暢地提供資訊。但是,當視線移動流暢,也會有缺點,例如視線停留時間變得更短暫。此時可以巧妙地運用照片或圖片營造視線停留點,也是個不錯的作法喔!

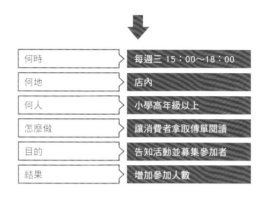

披薩教室

費用	每人 1500 元
內容	桿餅皮→擺放食材→石窯烘烤→附一杯飲料在店內慢慢享用，外加專家烤好的披薩一片。
	（吃不完可外帶）
	用喜歡的配料製作獨一無二的披薩！
	※目標對象：小學高年級以上

何時	每週三 15：00～18：00
何地	店內
何人	小學高年級以上
怎麼做	讓消費者拿取傳單閱讀
目的	告知活動並募集參加者
結果	增加參加人數

倒金字塔型的資訊提示

以倒金字塔型的資訊傳達法為基準，從上方依重要性順序從高到低安排資訊。依視線引導配置，順暢地提供資訊。

倒金字塔型與反向的資訊提示

編排順序和左圖相反。此時，圖片會比文字先映入眼簾。適用於海報這類欲強調整體視覺的編排目的。

思考製作物與資料的版面編排時，考慮「人的視線」如何移動也很重要。一起來想想該如何依序將欲傳達的資訊傳達給讀者吧！

☑ 視覺動線從點變成線、再變成面

看平面時，人的視線絕對會移動，不論是靜態版面或動態畫面都一樣。人對於並排的事物會逐一移動視線去看，視覺動線會從點變成線，這些線最終再變成面。因此，設計時就必須考慮到「視覺動線」與面（版面編排）的關係。

☑ 引導讀者的視線

那麼，人的視線在觀看版面時究竟如何移動？橫排書等「左翻」版面，是由左上往右下呈「Z 字型」移動；直排書等「右翻」版面，則是由右上往左下呈「N 字型」移動。

若能巧妙運用人的視覺動線來編排，可更準確地將製作者的意圖傳達給讀者。另外，對於讀者而言，也能更順利地獲取資訊。版面製作的根本目的就是「將特定資訊傳達給讀者」，因此設計時顧慮到讀者的視覺動線非常重要。

▼ 視覺動線

橫排時
橫排時，人的視線會由左上往右下呈「Z 字型」移動。

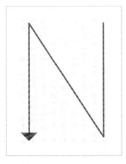

直排時
直排時，人的視線會由右上往左下呈「N 字型」移動。

▼ 要素大小與視覺動向

橫排時

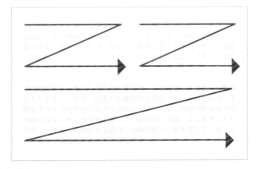

直排時

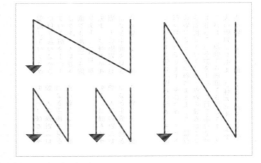

Chapter

照片與圖像

學習依目的挑選與使用照片

照片與圖像，對於設計的視覺效果影響甚鉅，因此必須依照欲傳達的資訊與想表現的內容，挑選最合適的照片。即使是相同的照片，也會因配置或裁切方式的不同而改變形象，因此學會如何運用這些技法也很重要。

照片具有強大的力量

圖優效應與蒙太奇理論

在學習照片與圖像的具體設計技法之前，首先要介紹圖像與生俱來的力量。
照片與圖像，可說是左右版面形象的決定性要素。

☐ 圖優效應

資訊中的照片或圖片，會比任何詞語更引人注目，這就是所謂的「圖優效應」。以商品型錄為例，不論用多詳盡的文章來説明商品，會因而購買的人並不多，若輔以商品圖強化資訊，則可進一步激發購買慾。

總結來説，**照片與圖片的最大任務，就是「將形象具體化」**。

與只有文字的設計相比，用照片吸引目光，可瞬間傳達資訊；若追加細節照片、豐富照片訊息，可更充分地傳達資訊。

☑ 何謂蒙太奇理論

光是一張照片，就足以賦予讀者某種印象，當版面中使用多張照片時，此印象則會隨照片的組合方式、尺寸與配置方法而大幅改變。

所謂的蒙太奇理論，是利用照片之間的關聯性來暗示狀況的手法。蒙太奇（Montage）在法語中有「組合」的意思，藉由組合多個鏡頭（照片），就能衍生出各種涵義。

個別配置的例子

編排多張照片時，若配置位置或尺寸雜亂無章，將會削弱照片間的關聯性，無法感受到故事性。

☑ 蒙太奇理論與故事

蒙太奇理論，原本是影片剪輯中使用的技法，現在也常見於電影與電視節目中。

舉例來說，恐怖電影中經常在「淋浴中女性的背影鏡頭」之後，安排「男子手握利刃的鏡頭」，接著再出現「淋浴中女性慘叫時的臉部特寫」，即使沒有實際看見具體經過，也能讓觀眾想像出整個狀況。

請看右上圖。這些照片個別看起來毫無關聯，一旦以相同大小整齊排列，即可強化照片間的關聯性，從左邊依序觀看，能讓讀者彷彿親歷整起悲劇。

以相同大小配置的例子

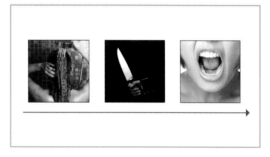

統一照片尺寸，強化照片的關聯性，讓版面說故事。

☑ 蒙太奇理論的活用方法

設計時也是如此，在單一版面中配置多張照片時，重要的是先掌握彼此間的關聯性，進而賦予其意義。

右圖中，將高跟鞋的商品照與女性赤足站在馬路上的照片並排。個別來看關聯性薄弱的照片，因相鄰的關係，讓人感覺其中有某種意涵。

配置照片時，應該思考要刻意營造這種效果、或是避免使用，這點也很重要。

活用蒙太奇理論的設計範例

在高跟鞋商品照右邊配置赤足的女性，讓版面帶有故事性。

Chapter: 3

依用途與目的安排最適當的配置

02 照片的基本編排

在設計中使用照片，可以增添版面魅力。
首先就來看看照片的基本編排方法。

☑ 矩形版面

矩形版面是將整張照片配置在版心內。整體版面
穩定性佳，呈現具安定感的沉穩印象，是最常見
的排版方式。

> ——————— *memo* ———————
>
> 工整的矩形版面，只要加上拍立得照片般的白
> 色邊框，並稍微傾斜配置，即可增添歡樂感。
> 要製作仿真的設計、或是編排歡樂的版面時
> 效果很好。

矩形版面是最一般的配置方法，可給人平穩、
工整的印象。

☑ 去背版面

去背版面是指沿主體輪廓裁切配置的編排方法。
由於少了背景，而強調出主體輪廓，不僅提升主
體的注目度，也可有效整理訊息，因此能夠迅速
地傳達資訊。

另外，去背版面容易表現出歡樂、具動態感的版
面，也是一大特徵。當版面空間偏小、又想讓主
體盡可能放大時也很適用。

去背會讓主體格外明顯。給人活潑、快
樂的感覺，想要表現動感時效果很好。
是作為裝飾也很有效果的配置方法。

☑ 滿版出血

滿版出血是指將整張照片填滿版面的編排方法。照片主體大而明顯，想要展現商品細節時，或是表現具魄力的版面時經常使用。

不過，由於照片佔滿了版面，因此**不適用於文字要素多的情況。**

☑ 三邊出血

三邊出血，指的是保留上下左右的其中一邊，讓其他三邊超出版面的編排方法。想表現空間感，或是讓版面呈現動態感時可以使用。

與滿版出血相反，由於可製造出留白空間，因此**適用於文字要素多的情況。**

左圖：想要表現震撼力、呈現空間感、展現細節時使用的配置方法。

右圖：三邊出血可替版面營造留白空間，當文字要素多，或是想利用大面積的留白替版面增添層次感時很有效果。

這點也記起來！ 　避免照片變形

根據版面尺寸縮放照片時，請務必固定寬高比例。將照片拉高或拉寬都會大大損壞照片原有的內容，因此變形時絕對不可改變寬高比例。

照片一旦變形，照片原有的訊息會遭到破壞，視覺上也不美觀。

同一張照片會因裁切方式而天差地遠

03 透過裁切準確傳遞資訊

相同的照片藉由不同的裁切，呈現的形象與傳遞的訊息也隨之改變。
思索符合設計內容與目的來改變裁切方式，這點很重要。

☑ 用裁切改變「照片的任務」

請專業攝影師拍攝的照片，一般來說不須裁切
（裁掉部分照片）即可使用，但設計中所用到的
照片具有「傳達訊息給讀者」的作用，因此有必
要依目的加以裁切。

所謂「裁切」是指切除照片裡不需要的部分，把
照片包含的訊息加以整理。即使是相同的照片，
呈現的印象也會因裁切方式而大幅改變，因此在
設計時，必須先依製作物的內容與目的，決定照
片的焦點所在，然後進行適當的裁切。

美味蕃茄的季節

美味蕃茄的季節

☑ 裁切之前

思考該如何裁切照片時，必須先充分理解一點：
「此製作物要傳達什麼內容給讀者」（目的）。

有文案、本文和圖說等原稿時，請先確認並理解
這些內容吧！依設計需求，有時比起整張照片，
將焦點集中在訴求點上的編排會更有效果。

上面兩張圖，哪一張較能傳達出「蕃茄的美味」呢？
上方的照片中包含蕃茄以外的其他蔬果，下方的照片
則把蕃茄以外的部分全部切除。相較之下，下方的照
片較符合文章的內容。

☑ 各種裁切方法

裁切時，不光只是裁掉不要的部分。一張照片，依
目的切成兩張、或只擷取部分，也可視為裁切。

下頁將同一張照片介紹多個設計應用範例，藉此
協助各位理解裁切對版面形象的影響。

裁切前的原始圖像

這張是裁切前的原始圖像。下一頁將使用這張相片，
介紹各種裁切技法。

直接使用原始圖像

一眼就能看出利用大自然與人物的對比強調「自然的壯闊」的設計。用一張照片傳達多樣訊息，是最基本的編排方式。

聚焦在人物上的裁切

以人物為主角的設計。將焦點放在人物上，很難傳達人物身在壯闊自然的感覺。本例為了彌補此缺失，輔以一張大自然的照片。

聚焦在大自然上的裁切

以大自然為主角的設計，可感受到「大自然」這個設計主題。本例為了傳遞氣氛，輔以一張人物的照片。

矩形版＋去背版

矩形版面與去背版面的組合。人物去背提高設計的動態感。本例讓文字順著山頭配置，更添險峻山頭綿延不絕的效果。

以裁切表現時間軸與景深

活用空間的裁切

04

透過裁切讓照片主體偏離中心，可讓空間產生意義。
照片依裁切方式，可表現出放眼未來、遙想過去、或是帶有景深的感覺。

☑ 裁切衍生的空間詮釋

透過裁切讓照片主體偏離中心，可讓空間產生意義。例如側面人像這類主體具方向性的照片，若將空間安排在主體視線的前方，可給人描繪「未來」的感覺。

反之，若將空間安排在人像的背後，則帶有回想「過去」的印象。以下準備了幾則參考範例，請實際比較看看。

聯想到過去的空間　　聯想到未來的空間

視線的方向

在視線前方安排空間的作法

將空間安排在視線前方，可讓空間產生開放感。給人向前邁進的積極感。

在人像背後安排空間的作法

將空間安排在背後，視線前方的開放感就消失了。給人回想過往的感覺。

在行進方向的前方安排空間的作法

將空間安排在行進方向的前方，可強調透視感，形成具空間深度的構圖。

在行進方向的後方安排空間的作法

將空間安排在行進方向的後方，削弱空間的開放感，藉此強調主體，讓人感受到逼近的速度感。

☑ 主體的尺寸

即使是相同的照片,也會因「局部特寫」或「遠景」裁切而產生截然不同的效果。
因此,須考量欲優先傳達給讀者的訊息,決定主要照片的裁切方式。

完整展現主體的裁切方式

強調細節的裁切方式

以遠景照片明確傳達主體的「尺寸」與「擺設狀態」。不強調魄力,給人有條不紊的印象。

使用近拍特寫照片,強調「素材的狀況」與「味道、口感」等細節,給人五感體驗的印象。此外,編排也可感受到魄力。

這點也記起來！　　顏面率

顏面率,指的是人像中「臉部的佔比」。圖片中臉部佔比大,表示「顏面率高」。顏面率高給人信賴感、知性、野心勃勃的印象;反之,顏面率低則可強調肢體魅力。競選海報為了給人信賴與知性的感覺,較常使用顏面率高的照片。

信賴感、知性、野心勃勃的印象

提升肢體魅力

顏面率
高

顏面率
低

發揮照片魅力的方法

05 透過裁切調整照片的構圖

作為主視覺或形象圖的照片,也須重視視覺上的美觀。
藉由調整構圖,讓照片的魅力發揮到極致吧!

☑ 理論性的構圖原則

即使你不具備攝影或構圖相關知識,只要遵循設計的基本原則來裁切照片、調整構圖,也可能讓手邊的照片散發魅力。

調整構圖最常用的方法是「井字構圖」。將主體置於照片中心的稱為「太陽構圖」,「井字構圖」則是把畫面分割成 3×3,再將主體配置於線條 4 個交叉點的任一點上,**呈現具張力、平衡感佳的構圖**。

太陽構圖
將主體配置在照片中心的構圖。具安定感,但有時會顯得無趣。

井字構圖
主體偏離中心,產生動態感,可表現出故事性。

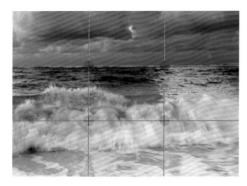

將水平線置於井字分割線上的範例。

將花配置於井字交界處的範例。

將帳篷配置於井字交界處的範例。

讓眼睛落在**井字交界處、下巴線條與中線對齊**的範例。

用裁切消除多餘訊息

照片主體外若有多餘的訊息，請利用裁切予以消除。多餘的訊息一旦消除，不僅能有效整理欲傳達的訊息，視覺上也更顯美觀。

另外，除非是刻意傾斜，否則當照片水平歪斜時，調正後再使用是基本原則。以建築物或柱子這類具明確水平或垂直的地方為基準來調整，會容易許多。

多餘的
訊息

裁掉入鏡的多餘訊息，讓照片變得俐落明確。

多餘的
訊息

照片左邊拍到了建築物，多了點生活感。由於這是張結婚照，應避免生活感，故藉由裁切消除多餘訊息，展現照片的氛圍。

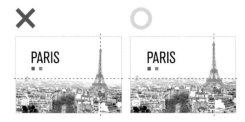

請比較這兩張照片。雖然編排相同，但水平歪斜的照片破壞了版面的穩定感，顯得馬虎散漫。

照片的垂直線不明確時，請以水平線為準來調整。不過，以水平線為基線調整時，會影響透視感，請考量到可能的最終基線，用目測方式調整吧！

06

編排多張照片時的重點

照片的關聯性

編排多張具相同重要性的照片時，請順著內容配置照片。
利用主體的大小與方向，改變版面賦予讀者的印象。

☑ 讓主體的大小整齊一致

上一章版面編排中，已説明過對齊版面要素的
重要性，配置照片時亦是如此。

配置多張具相同重要性的照片時，除了讓照片
本身的尺寸與位置整齊一致外，**讓主體的大小
整齊一致也很重要**。主體大小不一致時，會讓
讀者認為此大小差異是否帶有某種意義，導致
賦予的印象與原本預期的完全不同。

當照片主體大小不一致時，可利用裁切將所有
照片的留白調整至相同程度。當主體大小整齊
一致，視覺動線便會固定，更容易閱讀。

編排重要性不同的多張
照片時，如此例般製作
明顯的差異，可讓版面
層次分明，讀者很快就
能辨識出訊息的差異。

主體大小和位置不
一致，視線會飄移

主體大小和位置一
致，視線移動順暢

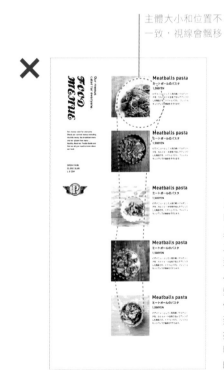

照片的重要度相等
時，除了照片的大小
與位置一致外，照片
主體的大小也須一
致。左例中的主體大
小不同，訊息重要度
變得不明確，加上主
體位置也不整齊，導
致視線不斷飄移，不
好閱讀。重要度相同
時，請如右例讓主體
的大小與位置一致。

☑ 留意照片的方向性

照片帶有「方向」時，配置方向的不同，版面印象也隨之改變。舉例來說，編排
如下圖的訪談頁時，若讓兩者面對面會產生對話般的感覺，強化 2 人的關聯性；
反之，若使兩者都朝外，則會削弱 2 人的關聯性。

有關聯性的配置

無關聯性的配置

左：2 人面對面配置，從中產生關連性，感覺彷彿正在對話。
右：2 人背對背配置，關聯性薄弱，會有各種解讀，例如看起來可能是一人一頁
的個別介紹，也可能是關係不好。編排人物照片時，請留意視線的方向來編排。

☑ 表現時間的流動與對比

以相同大小編排多張照片，可強調彼此間的關聯性。利用此效果，即可表現時間
的經過與對比。運用此編排方式時，請準備構圖相似的照片，並活用「對稱性
編排」（P.60），會讓版面訴求更具效果。

以相同大小編排多張照
片，可強調照片間的關聯
性。左圖便是利用此效果
來表現時間的經過。重點
是要使用人物大小、構圖
相似的照片。

區分用途與目的很重要

替照片分配任務

編排多張照片時，必須依用途或目的，賦予照片主（主要）、從（次要）關係，
藉此控制要傳達的訊息。

☑ 讓主體的大小整齊一致

照片對版面的呈現影響甚鉅，藉由調整照片的
大小、照片間距等部分，即可以視覺化的方式
控制欲傳遞的訊息。

編排多張照片時，須先賦予照片主（主要）、
從（次要）關係，再調整個別的大小與間隔。

欲強調關聯性的請相鄰配置，欲削弱關聯性的
則隔開配置，藉此釐清資訊差異（完形理論，
請參照 P.30）。

在此準備了 4 張照片，接下來將依製作物的用
途與目的，介紹這些照片的活用範例。

本次使用的照片

法式餐廳的介紹頁，要利用這 4 張照片來設計。

▣ 傳達餐廳外觀之美的編排

主圖挑選了餐廳外觀的照片。為了發揮外觀的
對稱特徵，版面也使用了對稱性構圖。

次要圖則選用內部裝潢與料理的照片，在左右
以相同大小對稱配置，藉此強調關聯性。

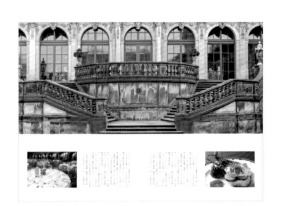

▣ 傳達店內氣氛的編排

主圖挑選了內部裝潢的照片，旁邊配置了外觀
的照片。店內照片與外觀照片相鄰配置，藉此
強調彼此的關聯性。

另外，為了傳遞餐廳的氣氛，將料理的照片與
主廚的照片組成群組，並縮小配置。

◪ 傳達料理形象的編排

以料理的照片當作主圖並強調其細節，彷彿能感受到味道與香氣。另外，附近配置了主廚的照片，藉此強化關於料理的訊息。

為了傳達餐廳氣氛，將外觀與店內照縮小，並稍微隔開配置。

◪ 介紹主廚的編排

主圖挑選了主廚的照片並放大配置，調理食物的廚房氣氛變得鮮明。附近是料理的照片，藉此強調廚師的專業。另外，為了傳達餐廳的氣氛，將外觀與店內照縮小，並稍微隔開配置。

這點也記起來！　　傳達整體氣氛的編排

讓所有照片等大、等距配置，就能將所有的資訊均衡地傳達給讀者，並傳達餐廳的整體氣氛。此時若注意到 1 相似內容相鄰配置、2 留意視覺動線這兩點，效果會更好。

舉例來說，料理照片旁邊配置外觀照片，兩者本質上有明顯差異，很難呈現良好效果。

盡可能讓相同內容、或是須互作聯想的要素相鄰配置會比較好。

另外，人的視線在橫式編排時會從左上往右下移動（Z 型），直式編排則從右上往左下移動（N 型）。請留意此動線來引導視線，完成良好的版面編排。

料理的照片與外觀的照片缺乏共通性，直接並排配置可能會不太協調。

依循料理→主廚→內部裝潢→外觀的順序編排，容易辨識出照片間的關聯性，讓版面產生故事。

拓展讀者的想像空間

在照片上添加文字

拓展版面形象的方法之一，是讓照片與文字一體化的編排方式。
這個技法雖然簡單，卻效果十足。

☑ 照片與文字的關係

在照片上添加文字，會讓設計產生一體感，相乘效果不僅讓照片看起來更完善，也可讓讀者隨著膨脹的想像繼續閱讀文字。

☑ 文字的編排方法

在照片上添加文字時，必須確認文字與背景的對比是否充分。

還有一個重點，請**將文字配置在照片中訊息量較少的部分**。使用訊息量多的照片時，則必須找出有足夠對比的部分，並將文字做適度的處理。在此準備幾則參考範例，一起來看看吧！

訊息量少的照片

使用的顏色

顏色帶一定程度的對比，但多是相同色系，所以算是訊息量少的照片。

訊息量多的照片

使用的顏色

顏色對比大，加上顏色數量較多，所以算是訊息量多的照片。

> *memo*
>
> 照片訊息量的多寡，指的是照片的顏色數量與對比差距。顏色數量少、對比幅度小則稱為「訊息量少」。

▼ 用裁切製造訊息量少的空間

要在訊息量多的照片上擺放文字時，可藉由裁切照片，製造文字與背景有充分對比的空間。文字擺放處的空間如果太擁擠，會有壓迫感，看起來也不美觀。

文字配置在訊息量多的地方，文字與背景缺乏對比，變得難以閱讀。

雖然文字配置在訊息量少的地方，但由於文字周圍缺乏足夠的空間，因而顯得狹隘。

利用裁切替照片製造訊息量少的空間，把文字安排在這個位置，讓照片與文字產生一體感，顯得更有魅力。

整張照片訊息量多的情況

如下方範例這樣整體訊息量偏多的情況，則必須替文字進行設計處理。

處理時請留意別破壞了照片的氣氛與風貌。

將文字加工成描邊文字（P.124）。此方法可能會破壞照片的氣氛，須多加留意。

在文字的擺放位置下工夫也是個好方法。替文字上色時，選擇照片中已有的顏色，即可輕鬆營造協調性。

利用裁切擴大文字配置空間的例子。雖然騰出足夠的文字空間，但海岸線遭切除，破壞了照片原有的風貌。

在照片上配置白色半透明色塊作為文字空間的例子。這是既不會破壞照片風貌，同時又能確保文字空間的好方法。

設計沒有標準答案。時間許可的話，建議多方嘗試，尋求各位心目中的最佳解答。

09 去背圖的用法

版面設計會隨照片採取「矩形版面」、「去背版面」編排而產生變化。
賦予讀者的印象也會隨著照片的形式而改變。

☑ 矩形版面與去背版面的表現差異

思考版面編排時，照片使用矩形版面或是去背版面，版面的變化也會截然不同。

矩形版面的平穩性佳，但編排時的空間會受到某種程度的限制。

另一方面，去背版面消除了照片多餘的訊息，可擴增版面的空間。因此能讓照片放得更大、或是使用更多的照片。

另外，依採用的方法，設計印象也會隨之改變。矩形版面給人井然有序的印象，去背版面則給人開心熱鬧的感覺。想表現動態感，或是**增添設計層次**時，使用去背版面會很有效果。

矩形版面會呈現一板一眼的拘謹設計，若改用去背版面即可獲得舒緩。

想要營造柔和形象時，隨興地替照片去背，也有不錯的效果。

矩形版面的平穩性佳，適合表現井然有序的穩定感，但有時會稍顯無趣。

將圖像去背後，編排的自由度提升，讓照片看起來更大，且會給人熱鬧繽紛的印象。

Chapter

配色的基礎

色彩具有撼動人心的力量

4

色彩具有撼動人心的力量，配色則有發揮色彩形象的效果。
編排、字體與照片幾乎相同的設計，也會因不同用色而給人
不同的印象。本章將解說設計時應考量的配色基本知識。

萬物皆有色彩

色彩的基礎知識

人眼所見的所有事物都有顏色。
色彩在設計中,是無法切割的存在。

☑ 色彩的表現方法

色彩依印刷品或電腦螢幕等呈現媒介,大多採取
「色料三原色」與「色光三原色」這兩種表現方法。

色料三原色

CMY 形式,印刷
時 會 用 這 些 墨 料
來表現色彩。

☑ 色料三原色

色料三原色(CMY),是用印刷油墨呈現色彩的表
現 方 法 。 藉 由 混 合 C(Cyan、青藍)、M
(Magenta、洋紅)、Y(Yellow、黃)這 3 種顏
色來呈現色彩。若 3 色平均調和,會變成無彩
色;若 3 色都以 100% 調和,則會接近黑色。

不過,這 3 色其實調不出真正的黑,所以印刷品
要印製黑色時,須利用黑色墨料(K)。因此,平
面設計中會用 CMYK 這 4 色來表現色彩。

色光三原色

RGB 形式,用螢
幕 發 出 的 光 線 來
表現色彩。

☑ 色光三原色

色光三原色(RGB),是電視或電腦螢幕展現色彩
的 表 現 方 法 。 藉 由 混 合 R(Red、紅)、G
(Green、綠)、B(Blue、藍)這 3 種顏色來呈
現色彩。當 3 色平均調和,會變成無彩色;若 3
色都以 100% 調和,則會變成白色。網頁設計便
是利用 RGB 來表現色彩。

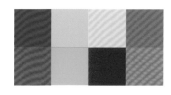

有彩色

具備色彩三屬性
(色相、彩度、明
度)、帶有顏色的
稱為有彩色。

☑ 無彩色與有彩色

色彩大致上可分成「無彩色」與「有彩色」。無彩
色是黑、白、灰等不具顏色之色彩的總稱;有彩色
則是紅、黃、綠、藍等帶有顏色之色彩的總稱。

無彩色

只用明度表現
白、黑、灰的稱
為無彩色。

☑ 務必熟記「色彩三屬性」

所有色彩都具備 3 項特質，稱為「色彩三屬性」：色相（H）、彩度（S）、明度（B）。

對這 3 個屬性有了基本認知，即使沒有專業知識也能實現有效的配色，請好好牢記起來吧！理解色彩三屬性將是靈活用色的捷徑，後面的章節也會陸續出現這裡介紹的用語。

☑ 色相

紅色、藍色這類「顏色性質」的差異稱為色相。從無以數計的色彩中，挑選代表色排列在圓圈上，這稱為「色相環」。

色相環上相鄰的兩色稱為「類似色」，相對的顏色則是其「互補色」，而互補色兩旁的顏色則是其「對比色」。

---

memo

色相環不只一種，依不同的分色方式而有各式種類。本書是使用「PCCS 的 12 色相環」來進行解說。

☑ 彩度

彩度是「色彩的鮮豔程度」。彩度最高的稱為「純色」，純色是毫無混雜的顏色。相反地，彩度最低的則是「無彩色（灰色）」。

☑ 明度

明度是「顏色的明亮程度」。明度愈高愈近似「白色」，明度愈低愈近似「黑色」。

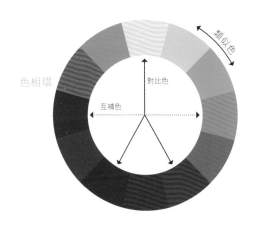

色相環

類似色
對比色
互補色

類似色

用色相環上相鄰的兩色組成的配色。此組合的調性接近，堪稱容易整合、不易失敗的配色。

互補色

用色相環上相對的兩色組成的配色。色相差異大，是能夠賦予視覺震撼的配色。

對比色

將互補色的其中一色改用該色兩邊顏色，而組成的配色。比互補色更容易產生協調性，也更洗鍊。

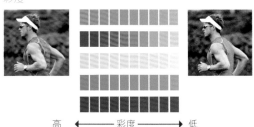

彩度

高 ←── 彩度 ──→ 低

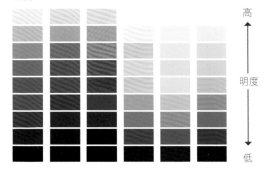

明度

高

明度

低

挑選配色時最重要的要素

02 色調

同色相呈現的色彩印象，會隨色調不同而迥異。
善用各色調具備的印象，即可準確表現預期的感覺。

☑ 色調與印象

色調（Tone），是指利用明度與彩度的組合來
表現「色彩的調性」。即使是相同色相，色彩
印象也會因色調而轉變。舉例來說，亮色調給
人「溫柔」、「年輕」的印象，暗色調則給人
「嚴格」、「成熟」的印象。

這種印象差異，是配色時須考量的重點。**配色
是 2 個以上協調色彩的組合。**思考配色時，須
先確認設計目的與用途，再**挑選相同色調或近
似色調內的顏色。**

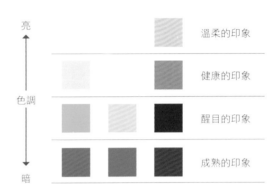

溫柔的印象

健康的印象

醒目的印象

成熟的印象

不只色相，色調也會改變色彩印象。設計時，挑選
符合製作物或資料用途與目的之色調非常重要。

▶ PCCS **色調圖** 記載代表性的色調名稱。

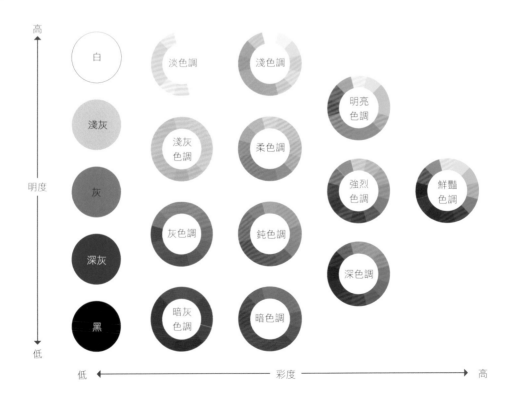

▶ 色調具備的印象

淡色調（粉色調）／Pale

高明度、低彩度

印象

輕盈、清淡、柔弱、
女性化、年輕、溫柔、
淺、可愛

淺色調／Light

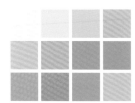

高明度、中彩度

印象

明亮清澈的顏色。
輕淡、柔和、童趣、
清爽、清澈、可愛

明亮色調／Bright

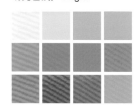

高明度、高彩度（明色）

印象

純色中混入少量白色的
顏色。輕快、清爽、
清澈、鮮明、輕鬆、
開朗、健康

強烈色調／Strong

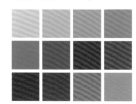

中明度、高彩度（濁色）

印象

鮮豔中帶點灰色的顏色。
強大、動感、熱情、
豐潤、具存在感

深色調／Deep

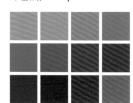

低明度、高彩度（暗色）

印象

傳統、和風、穩重、
秋天、充實、古典、
有深度

鮮豔色調／Vivid

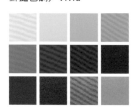

中明度、高彩度（純色）

印象

純色是最生動鮮明的
鮮豔色。花俏、搶眼、
活躍、華麗

淺灰色調／Light grayish

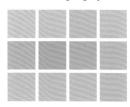

高明度、低彩度（濁色）

印象

穩重、素雅、女人味、
纖細、高雅

柔色調／Soft

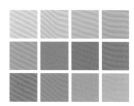

高明度、中彩度（濁色）

印象

恬靜、高雅、飄渺、
柔和、親切

灰色調／Grayish

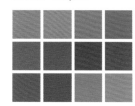

中明度、低彩度（濁色）

印象

混濁、純樸、素雅、
雅致、風雅、穩重、
都會感

鈍色調／Dull

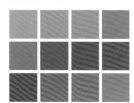

中明度、中彩度（濁色）

印象

混濁、暗淡、單調、柔軟

暗色調／Dark

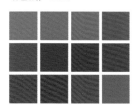

低明度、中彩度

印象

知性、成熟、帥氣、
男性化、威風凜凜、
強勁、結實、時尚

暗灰色調／Dark grayish

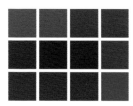

低明度、低彩度（暗色）

印象

沉重、陰鬱、強勁、
男性化、堅固、樸實、
韻味十足、高格調

靈活用色可控制作品表達的情緒

03 色彩印象

色彩，具有引發豐富想像與控制感覺的效果。
設計時，請巧妙地運用色彩具備的印象吧！

☑ 色彩的感覺

色彩，與「沈重」、「輕盈」、「柔軟」、「堅硬」、「溫暖」、「寒冷」...這些形容詞，有著極大的關聯性。

因此，設計可不能像買衣服一樣，淨挑些自己喜歡的顏色。必須先確實掌握製作物或資料的目的與任務，挑選足以達成這些需求的最佳色彩。

☑ 色彩的冷暖

色彩可用「暖色」、「冷色」等溫度來分類。色彩印象會因個人、國家或文化而有所差異，不可執一而論，不過以紅色為中心是暖色、以藍色為中心是冷色，則是普遍存有共識的色彩印象。

這或許是因為，暖色系會令人聯想到太陽或火，冷色系則會聯想到冰或水。

其他還有感覺不出溫度的「中性色」，包含綠色、紫色系的色彩，會依配色而改變色彩印象。

從無數色彩中選色時，若能意識到上述的分類，以及各色彩具備的印象，結果應該會更好，

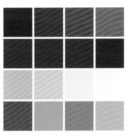

暖色

暖色是以紅色為中心的色相。會讓人聯想到太陽或火的顏色。
以心理層面來看屬於「興奮色」，具有「激發人心」、「促進食慾」的效果。

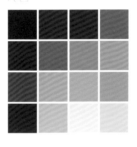

冷色

冷色是以藍色為中心的色相。會讓人聯想到水或冰的顏色。
以心理層面來看屬於「沉靜色」，具有「安定身心」、「抑制食慾」的效果。

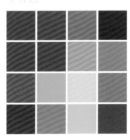

中性色

中性色是綠色、紫色這類溫度不會過於極端的顏色。由於是中間色，故會依搭配的顏色影響色彩形象。

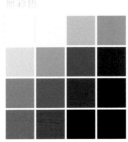

無彩色

無彩色是不具色相的顏色。與任何顏色搭配都很協調，堪稱萬能的顏色。給人冷靜時尚的印象。

☐ 色彩的表現情感與固有情感

色彩的情感可分為「表現情感」與「固有情感」這兩類。表現情感是「喜歡、討厭」、「乾淨、骯髒」這類主觀的情感，固有情感是「重、輕」、「熱、冷」這類客觀的情感。

表現情感因人而異，比較難以預測，而固有情感則具有某種程度的共通性。因此在挑選色彩時，建議多利用固有情感來思考。

▶ 色彩賦予的印象

紅色

熱情洋溢的活潑感。可提振士氣、鼓舞人心。「戀愛」的顏色。

藍色

誠實與信賴感。可感受到冷靜的速度感。「知性」的顏色。

黃色

有陽光灑落的感覺。可感受到歡欣雀躍的歡樂氣氛。活潑、「引人注意」的顏色。

白色

神清氣爽、微風輕拂的感覺。可感受到晴空下的開放感。年輕且帶點「清爽」的顏色。

綠色

大自然中草木綠意盎然的感覺。可穩定情緒。饒富生氣、具「放鬆」效果的顏色。

水藍色

無私、理性的感覺。光亮明朗、可平靜心靈。年輕且帶點「清潔感」的顏色。

紫色

成熟高貴的感覺。彷彿具有提升感性的力量。神秘中帶有「高尚」的顏色。

橘色

朝氣蓬勃、活力充沛的太陽色。給人溫暖、開朗的感覺。富含維他命的「溫暖」色。

粉紅色

可愛、充滿幻想的感覺。會讓人心平氣和。宣告春天到訪的「幸福」色。

藏青色

穩重知性感。可感受到冷酷沉穩的成熟氛圍。誠實的「雅致」色。

黃綠色

春天新芽色的純真形象。給人新鮮、欣欣向榮的期待感。具生命力的「新鮮」色。

茶色

會聯想到大地與樹幹等大自然。具信賴感，可感受到懷舊氛圍。溫暖的「現代」色。

直指人心的強烈印象

04 配色印象

配色，具有發揮各種色彩印象的效果。
任何色彩皆會依搭配的顏色，增強或削弱本身具備的形象。

☑ 用配色改變色彩印象

上一節提過，色彩各自帶有形象（P.93）。使用單一色彩時，色彩本身的形象足以賦予讀者觀感一定程度的影響。

配色，具有強調或抑制色彩印象的效果。舉個例子來想想看，例如單純藍色一個顏色，會讓人產生「水」、「天空」、「冷」、「夏天」等各種聯想，單靠一個顏色，設計者很難控制色彩賦予讀者的形象。

此時，若比照右圖來搭配其他色彩，會比光用藍色更能強調「夏天」的形象。

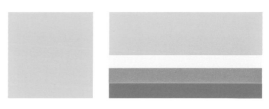

夏天形象的配色範例。比單一藍色更容易聯想到夏天。

秋天形象的配色範例。比起單色更容易傳達秋天感。

這點也記起來！ 配色的聯想

配色不只具有聯想到季節或情感的效果，也具有象徵個體存在的效果。

舉例來說，全國連鎖的便利商店、速食店或銀行一旦決定出「企業色」，就會成為消費者判斷的依據。我想各位應該有過這種經驗，即使在不熟悉的地方，也能很快找到認識的店家。很不可思議的是，人類單憑配色便足以聯想到某樣事物。

便利商店

銀行、郵局

企業或集團用企業色（配色）作為存在的表徵。

☑ 印象分類

色彩印象與形容的詞彙有極大關聯性。因此，思考配色時，請試著將色彩印象與
詞彙聯結起來。下圖是配色賦予的印象的示意圖，供各位參考。

▶ 配色賦予的印象

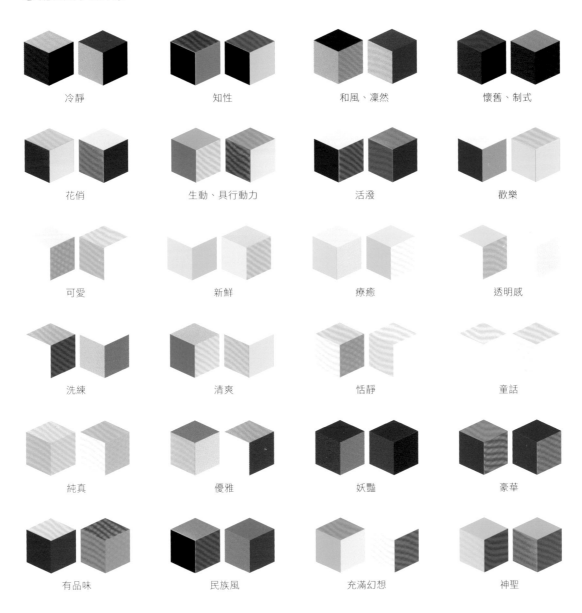

冷靜	知性	和風、凜然	懷舊、制式
花俏	生動、具行動力	活潑	歡樂
可愛	新鮮	療癒	透明感
洗練	清爽	恬靜	童話
純真	優雅	妖豔	豪華
有品味	民族風	充滿幻想	神聖

無人能抗拒的色彩力量

色彩的作用與視認性

配色印象可能因人而異,而色彩作用則是共通的法則。
以下將介紹幾種常見的色彩作用,了解這些知識,在配色時會很有幫助。

☑ 前進色與後退色

相同面積的色塊,會因配色差異而使其看起來
正在延展、或是正在凹陷。

請看右圖。中間部分看起來感覺如何?暖色系
的配色彷彿在往前延伸,而冷色系的配色像是
在往內凹陷。由此可知,暖色的系配色是
「前進色」,冷色系的配色則是「後退色」。

即使是相同的設計,也會因配色產生向前延展(前進色)
或向後凹陷(後退色)的差異。

☑ 膨脹色與收縮色

時裝界經常提到「穿白色看起來高大,穿黑色
看起來苗條」。

請看右圖,這些圖的大小都一樣,但是中間的
正方形部分,白色的看起來比黑色的大對吧?
由此可見,色彩也具有讓設計要素看起來更大
或更小的力量。看起來較大的是「膨脹色」,
看起來較小的則是「收縮色」。

即使是相同的設計,也會因配色而產生放大(膨脹色)或
縮小(收縮色)的差異。

☑ 空氣遠近法

空氣遠近法,指的是「**遠處受大氣的影響,色
彩與色調顯得淡薄**」,也就是利用大氣性質的
透視法。

如右圖,左邊遠處的山顏色較深,很不自然;
右邊讓遠處的山變淡,背景也呈現彷彿融入山
頭的漸層,相較之下顯得自然許多。

即使是相同的設計,也會因配色而影響看起來自然與否。

☑ 表現漸層的方向性

右圖是改變漸層方向的示意圖，你感覺如何？兩者的感覺差異非常有意思，左邊彷彿置身高空，右邊則是潛入深海。

這是由於深色「重」、淺色「輕」這類色彩聯想作用所致。重的色彩在上方，會使重心落在上方，讓人感受到空間感；反之，若重心落在下方，則會產生穩定感。

如右例所示，利用漸層時，只要改變方向就能表現完全相反的形象。

改變漸層方向，就能表現完全相反的形象。

☑ 色彩的視認性

文字與圖片的「易讀」、「難讀」，可用明度差決定。明度差低者較不容易閱讀，明度差高者較容易閱讀。

版面設計中，至少會使用到 2 個以上的顏色。一個是紙張的顏色（通常是白色），另一個則是文字或圖片的顏色。用色基本上由各位自由決定，不過文章、地圖或圖表這類必須確實傳遞內容的要素，請務必使用視認性佳的配色。清晰可見的表示「視認性高」，不容易看清楚的則是「視認性低」。

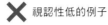

視認性低的例子　視認性高的例子

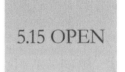

同色調的配色雖然協調，但若沒有明度差異，視認性會大幅下降。

☑ 暈影

高彩度的配色組合，會發生刺眼的「暈影」現象，讓要素難以辨識。無論如何都想使用這種組合時，請在顏色之間加入白或黑的分離色，藉此抑制暈影。

刺眼現象（暈影）

彩度高的配色，會發生暈影。

☑ 分離色

分離色，是用來分割相鄰兩色的顏色。適當地運用可增添層次感，讓整體產生凝聚效果。

使用分離色的效果（強調／收斂效果）

在相鄰兩色之間加入分離色（本例是白色），版面顯得更有層次（右圖）。

發揮色調的實力

06 協調的配色

請試著看看你的周遭，有哪些你覺得好看的設計。
想必這些美的設計中，大多都有一致的色調吧。

☑ 用同色系、類似色整合

類似色是指色相環中相鄰的色彩。這些配色的色相差距小，協調且具統一感。

同色系是指同色的明度差組合。此配色也可呈現協調、具統一感的形象。

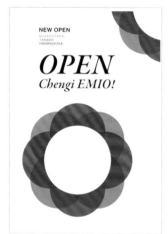

類似色的配色組合，自然會呈現協調感。

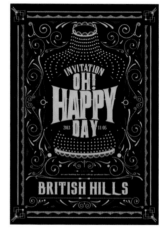

同色系的配色組合，與類似色一樣可呈現協調感。

這點也記起來！　　做出明顯的明度差

使用類似色與同色系的配色時，請做出
明顯的明度差。如果明度差太低，會使
設計顯得極不清晰。

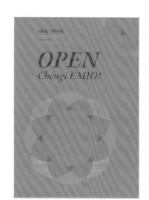

☑ 協調配色的基礎

協調配色的基礎就是「用相同色調整合色彩」。色調是色彩的調性（P.90）。色調一致，自然會呈現協調的配色。

不過，若在使用多個顏色時都採用同色調，有時會缺乏強弱而顯得模糊暗淡，這點請多加留意。

☑ 同時使用多種顏色時的處理方法

使用多種顏色時，可在色調一致的配色中融入不同色調的色彩。請看下圖。左圖的背景和文字使用不同色調，版面層次分明，帶有沉穩的形象。

右圖是所有要素都使用相同色調的例子。畫面協調，與左圖相比更顯蓬勃朝氣。但是如左圖般背景使用不同色調的色彩組合，視認性較佳，相形之下會更有層次感。

兩者並沒有標準答案，請依目的靈活運用。

✕ 色調不一致的配色是不行的！

色調不一致的配色缺乏協調性，看起來雜亂無章。

這點也記起來！　主色系配色與主色調配色

色相主調的配色

用類似色配色　　　　用同色系配色

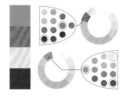

用相同色相或類似色來配色稱為「主色系配色」（Dominant Color）。Dominant 有「支配」、「優勢」的意思。是不改變色相，藉由改變明度與彩度來呈現統一感的配色。

色調主調的配色

用相同色調統一的配色

用相同色調統一的配色稱為「主色調配色」（Dominant Tone）。色調一致，故能呈現統一感。

☑ 漸層的空間表現

漸層是讓色彩以階段性變化排列而成的多色
配色。想要表現景深、空氣感時可使用。

花俏的漸層

使用花俏的漸層時,讓顏
色平順地變化會比較理
想。明度差太大的漸層,
會破壞統一感。

微妙的漸層

整面設定微弱、明度差小的
漸層,可展現色彩的韻味,
表現出透明感與高級感。

這點也記起來!　　各種漸層

明度差大、色相差小、彩度差大的漸層,會給人平靜的感覺。

明度差大的漸層

色相差小的漸層

彩度差大的漸層

色相差大的漸層

相鄰色帶有相似色相或色調的關係,且兩端的顏色呈相反關係。
漸層中同時具備相似要素與相反要素,就容易產生協調性。

☑ 考量色彩重心的配色

色彩也有「輕」、「重」，根據用色可改變版面的重心。

色調低的是「重的顏色」，色調高的是「輕的顏色」。「重的顏色」安排在版面偏低處，可讓重心下移，產生穩定感，這就是所謂的「低重心型」。與之相反的則稱為「高重心型」。

意識到色彩的重心，即可改變設計的形象。請參考下例來比較看看。

重的顏色（色調低的顏色）

輕的顏色（色調高的顏色）

色調高感覺輕，色調低則感覺重。用輕或重的配色亦可改變設計的重心。

左：重心偏下，版面具穩定感，但無法感受到動態感。
右：重心偏上，感覺不出穩定感，但可呈現出緊張感及動態感。

>> 這點也記起來！ 《 各種配色法則

在此介紹幾個實現「協調配色」的好用配色法。其他詳細配色法，請自行參考配色相關書籍或網站。

基調配色（Tonal）

色調統一的配色。色相差與色調差小，給人平靜的感覺。

單色配色（Camaieu）

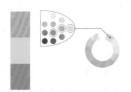

相同或相鄰色相使用微妙濃度、明度變化的配色。Camaieu 在法文有「單色畫」的意思。給人溫和高雅的感覺。

朦朧配色（Faux Camaieu）

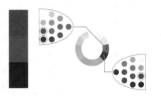

Faux 在法文有「假」的意思，Faux Camaieu 相對於 Camaieu，帶有偽造色相的意思。可表現出樸實、穩重的形象。

文字顏色大致可用照片決定

照片與文字的顏色搭配

在照片上擺放文字時，必須考量到與照片的關係來挑選文字顏色。
選擇符合照片形象的顏色，可讓設計更好看美觀。

☐ 文字顏色的挑選方法

照片上擺放文字時，請留意 ① 與背景產生對比（P.84）、② 將文字設定為重點色 這兩項重點。

第一，若缺乏明確的對比，會讓文字顯得難以閱讀。因此明確的對比是絕對必要的條件。

再來，要替文字上色時，可選擇照片中包含的顏色、與此顏色相容性佳的顏色，或是作為設計要點的顏色。**想要發揮照片的氣氛時，讓文字採用無彩色的編排也很常見**。以下介紹幾個具體例子。

想要發揮照片的氣氛時，文字請使用無彩色。無彩色可讓文字與照片產生協調性。

此例將文字反白配置。雖然閱讀性不算理想，但與照片特有的穿透感極為相稱。

照片中有重點色（紅色），
因此文字也使用相同顏色，
作為設計的重點色。

美國西岸（加州）的照片。
為了傳遞美國的氣氛，文字
顏色使用了星條旗的色彩。

這點也記起來！　　字體選擇也很重要

照片對於版面整體形象，擔負極為重要的
角色。因此，在照片上擺放文字時，不單
文字顏色，選用的字體也很重要。給人
「沒有文字會比較好」的感覺就意味著失
敗。請務必讓照片、文字、顏色這三者產
生相輔相成的效果。

變更「盆栽」的字體。柔弱、可愛的感覺，與生氣
蓬勃的照片並不搭。

色彩的對比現象，是指相鄰的色彩相互影響，使其看起來與原本的色彩不同的現象。色彩沒有改變，但看起來卻有顯著的差異。對比現象有很多形式，以下示範運用「明度」、「彩度」、「色相」的對比。

▼ 明度對比

色塊 C 配置在明度不同的色彩中央，受到周圍其他顏色的影響，使原有的亮度看起來更亮或更暗的現象。明度差異愈大，此現象愈明顯。

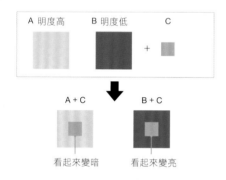

▼ 彩度對比

色塊 C 配置在彩度不同的色彩中央，受到周圍其他顏色的影響，看起來會比原本更鮮明或更暗淡。

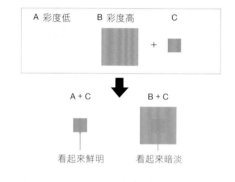

▼ 色相對比

受相鄰色的影響，而使色相看起來不同。A＋C 的 C 顏色感覺偏黃，B＋C 的 C 則感覺偏紅。

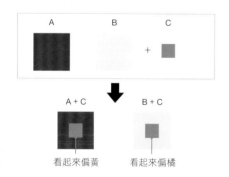

▼ 補色對比

色相相對的互補色組合，可強調彼此的色彩，感覺彩度增加。A＋C 的 C 看起來暗淡，B＋C 的 C 則更鮮明。

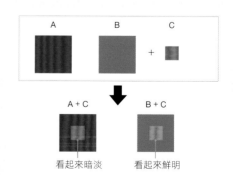

Chapter

文字與字體

容易閱讀、引人注目的文字與字體

製作物給讀者的印象，會因字體種類與文字編排而大幅改變。另外，「文字的易讀性」也是重要的課題。基於上述原則，本章將解說文字與字體的基本知識，以及在設計中落實這些知識的具體方法。

01

資訊傳達的基本要素

文字與字體的基礎知識

製作物或資料賦予讀者的印象，會隨使用的字體而大幅改變。
因此製作時，必須根據欲傳遞的內容與想呈現的印象，選擇最合適的字體。

☑ 字體的種類

字體種類大致上可如下分類：

▶ 中、日文：黑體／明體
▶ 英文：無襯線字體／有襯線字體

中文是國字、注音、全形符號等的總稱，日文是漢字、片假名、平假名的總稱，英文則是字母與半形符號等的總稱。

☑ 字體給人的印象

版面賦予讀者的印象，會因使用的字體而大幅改變，請試著比較下面 2 個設計案例。左圖使用黑體與無襯線字體，右圖使用明體與有襯線字體，版面編排雖然相同，但左圖可給人充滿活力的流行感，右圖則略帶高級感。

日文字體的種類

黑體

デザイン
こぶりなゴシック

デザイン
新ゴ

明體

デザイン
リュウミン

デザイン
筑紫明朝

英文字體的種類

無襯線字體（sans serif）

DESIGN
Helvetica

DESIGN
DIN

有襯線字體（serif）

DESIGN
Adobe Garamond

DESIGN
Bodoni

相同文字，會因字體種類而有截然不同的設計特徵。請先掌握大分類的黑體與明體，以及無襯線字體與有襯線字體的差異。

使用黑體及無襯線字體的設計

使用明體及有襯線字體的設計

即使是相同的設計要素，光改變字體，就足以翻轉形象。

☑ 字體具備的力量

繼續看幾個具體的例子。即使只是簡單看一遍，應該也能感受到各自的差異吧！
這就是字體的力量。

左：黑體的筆劃粗細幾乎相同，視認性高、具穩定感。
右：明體的筆劃有粗細之分，與左例相比，標題文字看起來雖然稍顯柔弱，卻給人嚴格、堅實的印象。

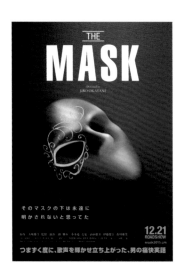
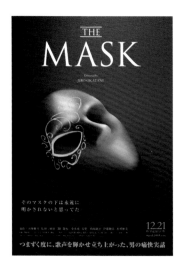

左：以無襯線字體為主，運用黑體系列字體來設計。雖然缺少時尚感，但可感受到舞台與表演的娛樂性。
右：以有襯線字體為主，運用明體系列字體來設計。強調沉穩的印象，可感受到神秘的氣氛。

內文用黑體的範例。給人歡樂、年輕、流行的感覺。

內文用明體的範例。與黑體相比，顯得嚴謹許多，也帶點懷舊氛圍。

掌握大分類與各分類的字體特徵很重要

02 字體的特徵

中文的明體與英文的有襯線字體，給人「權威的」、「歷史的」、「品格」等印象。
這些印象可藉由字體筆劃的粗細來靈活操控。

☑ 明體／有襯線字體的特徵

明體／有襯線字體，指的是線條右端帶有所謂「鱗形／serif（襯線）」的裝飾，以及直線比橫線粗的字體之總稱。這些特徵讓明體／有襯線字體看起來更簡潔俐落，即使縮小也能維持優良的可讀性，因此廣泛應用於新聞、參考書等長文章中。

☑ 明體／有襯線字體給人的印象

明體或有襯線字體給人的印象，會隨筆劃粗細而改變。

筆劃粗的字體給人「權威的」、「歷史的」、「男性的」、「大人」等印象，細的則給人「柔軟」、「現代」、「中性的」、「品格」等印象。參考右圖挑選適當的筆劃粗細，這點很重要。

> *memo*
>
> 字體的背後其實有許多故事。挑選字體時，不妨試著研究，了解這些字體誕生的經緯。
>
> 舉例來說，最近很受歡迎的「DIN」，原本是為了德國工業規格而研發的字體，許多設計師注意到此字體的幾何形式，而多元運用在有別於原用途的設計而廣受注目，現在儼然已成為經典字體。
>
> **DIN**

中文明體／英文有襯線字體的特徵

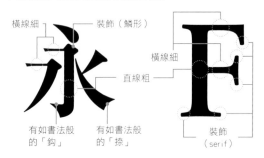

橫線細　裝飾（鱗形）　橫線細　直線粗　有如書法般的「鈎」　有如書法般的「捺」　裝飾（serif）

明體是將書法形式化的字體，具有鈎、捺等特徵。
有襯線字體是將平筆手寫文字形式化的字體，在線條起點與終點帶有裝飾（serif）是其特徵。也稱為**羅馬體**。

明體普遍給人的印象

堅實、嚴格、
強而有力、
說服力、男性的、
歷史的

天高く馬肥ゆる
天高く馬肥ゆる
天高く馬肥ゆる
天高く馬肥ゆる
天高く馬肥ゆる
天高く馬肥ゆる

柔軟、品格、
中性的、都會的、
信賴感、摩登

有襯線字體普遍給人的印象

有活力、
強而有力、
穩定感、男性的、
無機感、厚重感

ABCDEFGH
ABCDEFGH
ABCDEFGH
ABCDEFGH

明亮、纖細、
輕快、都會的、
女性的、年輕

☑ 黑體／無襯線字體的特徵

黑體／無襯線字體，沒有明體／有襯線字體具備的襯線（鱗形），是直橫筆劃粗細均等的字體的總稱。

這項特徵使其看起來「黑」、「醒目」，即使縮小也可確保其高度視認性，廣泛應用於欲強調的標題、各式平面設計、網頁設計中，以及機場、公共設施的標誌等範疇。

☑ 黑體／無襯線字體給人的印象

黑體或無襯線字體給人的印象，會隨筆劃粗細而改變。

筆劃粗的字體給人「強而有力」、「朝氣蓬勃」、「男性的」、「嚴格」、「穩定感」等印象，細的則給人「明亮」、「纖細」、「女性的」、「都會的」等印象。請參考右圖挑選適當的粗細，這點很重要。

---

memo

表示文字形狀的用語有「字體」與「字型（Font）」。

字體是指文字根據一致的原則設計出來的樣式。中文有明體、黑體等字體。

另一方面，字型原指金屬活字印刷時代時，具有相同尺寸、相同設計的英文活字（當時只要改變文字尺寸，名稱就會不同）。現在「字型」（Font）大多是指電腦軟體中具有相同設計的一套文字集合。

只不過，把字體與字型當成同義詞使用的狀況很常見，兩者的定義已模糊化實屬不爭的事實。本書將統一以「字體」來進行解說。

字體名稱	字體名稱
明體	黑體

字體名稱	字體名稱
─新細明體	─新黑體
─太ミン A101	─ヒラギノ角ゴ
⋮	⋮

中文黑體／英文無襯線字體的特徵

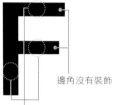

邊角沒有裝飾

邊角沒有裝飾

縱橫斜線幾乎等粗　　直線、橫線幾乎等粗

黑體／無襯線字體的水平、垂直筆劃都等粗，沒有多餘裝飾，是一種充滿現代感的字體。即使在視線不良的環境，這種字體仍保有視認性，常用於網頁設計和交通標誌上。

黑體普遍給人的印象

穩定感、強而有力、朝氣蓬勃、男性的、無機感、厚重感

明亮、纖細、輕快、都會的、女性的、年輕

天高く馬肥ゆる
天高く馬肥ゆる
天高く馬肥ゆる
天高く馬肥ゆる
天高く馬肥ゆる
天高く馬肥ゆる

無襯線字體普遍給人的印象

堅實、嚴格、強而有力、說服力、男性的、歷史的

柔軟、品格、中性的、都會的、信賴感、摩登

ABCDEFGH
ABCDEFGH
ABCDEFGH
ABCDEFGH
ABCDEFGH
ABCDEFGH

03 掌握字體的個性

就算同屬黑體或明體，字體還是會有各自的個性。
為了挑選符合設計用途與目的之最佳字體，請務必掌握字體的個性。

☑ 字體具有個性

如前面所說，字體大致可分為「黑體」與「明體」，或是「有襯線字體」與「無襯線字體」，但是就算同屬黑體或明體，字體還是會有各自的個性。

☑ 中文字體的印象差異

請看右圖。雖然統稱為「明體」，但是中宮窄、字面框小的字體，可強烈感受到手寫文字的韻味，給人古典正式的感覺。線條和鱗形也是其特徵。反之，中宮廣、字面框大的字體，則具有現代感，黑體也帶有此特質。

☑ 英文字體的印象差異

有襯線字體依製作年代分類，從早期的古典印象，歷經「威尼斯式（Venetian）」、「舊風格（Old Face）」、「過渡時期（Traditional）」、「現代樣式（Modern Face）」的演變。請注意縱軸的切入法，以及襯線的形狀。而無襯線字體具備的幾何形狀，則給人現代感。

襯線體仍保有書寫時的特徵。斜襯線體是比較古老的字體。

中文字體的古典感與現代感

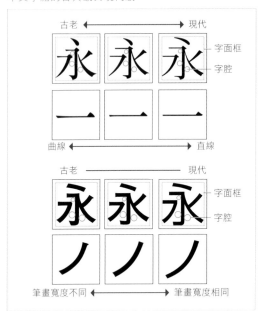

有襯線字體的分類

隨著時代變遷，「O」的縱軸更加垂直、「e」的橫軸更加水平、可以確認襯線體的演變受到幾何學影響。

☑ 依形象把字體類別化

下圖將各種字體印象加以分類。了解字體個性並加以分類，即可避免陷入亂挑字體的窘境，更容易挑選出符合設計形象的字體。

日文字體的印象座標

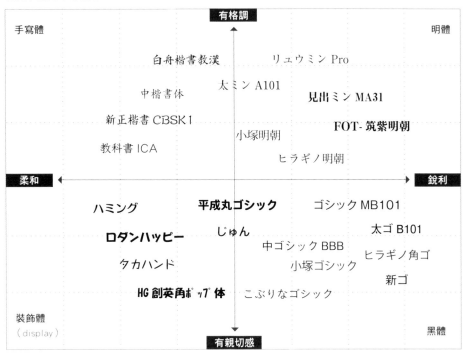

英文字體的印象座標

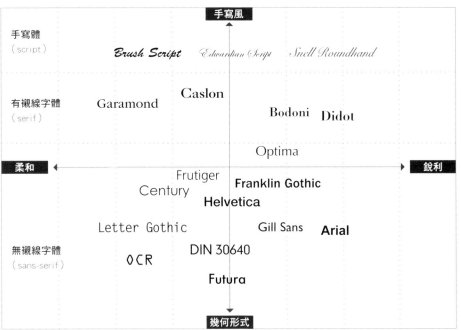

04

挑選最佳字體的基礎知識

避免使用多種字體

若將個性迥異的字體混在單一版面中，會破壞整體的統一感。
嚴選單一版面使用的字體種類，就能使整張版面呈現統一感，看起來更美觀。

☑ 請先嚴選 2～3 種字體

如前面所說，字體有獨具的個性。因此，不建議在單一版面中使用過多的字體。個性迥異的字體混在單一版面中，會破壞整體的統一感，無法確定設計的意圖。

為了讓完成的版面看起來美觀，建議一開始先嚴選 2～3 種字體。只要減少字體種類，整張版面就能表現統一感。

舉例來說，若單一版面中混用了「細明體」與「ヒラギノ明朝」等形象迥異的明體，設計會頓時喪失統一感。除非有特定設計需求，否則基本上請避免在單一版面中使用不同個性的字體。

☑ 強調與協調的平衡很重要

減少使用的字體種類雖然可表現統一感，但相反地，整體較缺乏躍動感，容易讓設計顯得無趣。加上資訊的比重均等，很難將重要的資訊傳遞給讀者。上述說法看似矛盾，其實主要是想說明「強調與協調的平衡很重要」。全部一致會顯得乏味，過於零散則會破壞設計。

在挑選版面使用的字體時，必須依據版面要素的任務與重要性來選用適當的字體。

舉例來說，主題或日期等「欲強調的地方」使用黑體，解說內文等「想供人閱讀」的地方及小標題則使用明體字體家族，像這樣思考活用方式，靈活運用 2～3 種字體，即可正確地傳達資訊。

會議用資料的範例。使用過多不同的字體會破壞統一感。

使用 2 種字體，在強調與協調間取得平衡，表現出統一感。

活用字體家族！

想讓欲強調的部分與欲協調的部分共存在相同版面中，竟是意外地困難。
尤其是不了解相容性佳之字體組合的初學者，想必多數人會感到傷透腦筋。
解決這種窘境的秘密武器，就是粗細比例具共通性的「字體家族」。

☑ 何謂字體家族

字體家族，是文字帶有粗細（也可稱為「磅數」）、寬度、角度等變化的同一字體的集合。字體家族具備設計共通點，故可維持版面的一致性，不只適合用來增添強弱感，還可廣泛運用在很多地方。請務必熟記起來。

☑ 字體家族的種類

中、日文或英文都擁有許多字體家族，例如：日文字體的「小塚黑體」或「小塚明朝」中，都包含了 EL（ExtraLight）、L（Light）、R（Regular）、M（Medium）、B（Bold）、H（Heavy）這 6 種粗細。英文字體同樣也有字體家族，包含Light、Roman、Bold、Italic等粗細（粗細名稱或種類因字體而有所差異）。

✕ 相同類別，不同字體的組合例

NEW OPEN
2015.10.15 OPEN11:00
Garamond Bold + Bodoni Book

NEW OPEN
2015.10.15 OPEN11:00
Gill Sans Bold + Helvetica Condensed

○ 相同類別，字體家族的組合例

NEW OPEN
2015.10.15 OPEN11:00
Garamond Bold + Garamond Regular

NEW OPEN
2015.10.15 OPEN11:00
Helvetica Bold + Helvetica Condensed

小塚黑體的字體家族

EL 文字ウエイトが異なるファミリー
L 文字ウエイトが異なるファミリー
R 文字ウエイトが異なるファミリー
M **文字ウエイトが異なるファミリー**
B **文字ウエイトが異なるファミリー**
H **文字ウエイトが異なるファミリー**

Helvetica 的字體家族

45 Light ABCDEFG abcdefg 1234567
55 Roman ABCDEFG abcdefg 1234567
65 Medium ABCDEFG abcdefg 1234567
75 Bold **ABCDEFG abcdefg 1234567**
85 Heavy **ABCDEFG abcdefg 1234567**
95 Black **ABCDEFG abcdefg 1234567**

Garamond 的字體家族

Light ABCDEFG abcdefg 1234567
Book ABCDEFG abcdefg 1234567
Bold **ABCDEFG abcdefg 1234567**
Ultra **ABCDEFG abcdefg 1234567**

設計中通常有一組字體家族。版面使用的字體雖然建議控制在 2～3 種，倘若使用字體家族，則不在此限。字體家族，簡言之就是「一家人」。

似是而非的兩種英文字體

編排英文就要使用英文字型

中文字型是為了表現中文之美而設計的字體，因此並不適合用來表現英文字。
中文字型雖然能顯示英文字，但是編排英文基本上還是建議使用英文字型。

☑ 編排英文適用的英文字體

電腦中的中文或日文字型雖然也可顯示英文（半角英數字），不過中文字型本來就是為了表現中文之美而設計的字體，因此並不適合用來表現英文字。

因此，編排英文時，基本上請使用英文字型。用英文字型輸入的數字或英文字母，字距排列才會美觀工整。

請看下圖。除了字體以外幾乎相同的設計，可明顯看出兩者整體印象的差異。

✕ 使用日文字型（M8 黑體）

GRAPHIC DESIGN

◯ 使用英文字型（Helvetica Neue）

GRAPHIC DESIGN

透過上面兩張比較圖可一目了然。日文字體與英文字體，在字距（文字間隔）上有顯著的差異。英文字體不太需要調整，即可自動呈現均等的排列。

上例使用日文字體，下例使用英文字體。可明顯看出不同字體呈現的差異。

☑ 使用比例字型

英文字體多屬於比例字型（Proportional Font）。比例字型是指文字寬度不同的字體。

比例字型的文字有各自不同的寬度，輸入時會自動調整字距，輸入後不須調整即可形成協調的文字排列（請參照右圖）。

相對於比例字型，文字寬度相等的字體則稱為「等寬字型（Monospaced Font）」。等寬字型的文字寬度全部相同，使輸入後的字距散亂不一。若非特殊原因，否則在編排英文字體時，請使用比例字型吧！

☑ 中、日文中的英文

一般來說，很多英文字體的設計會比中、日文字體小一圈，當中、日文裡包含部分的英數字時，為了使其看起來一樣大，必須把英文字體的字級設得大一點（請參照下圖）；若用軟體設定為相同的字級，大小無法一致。此外，英文字體與中、日文字體的高度也不同，請一併處理，使高度一致。

✕ 等寬字型（Andale Mono）

◯ 比例字型（Helvetica LT Std）

Design

等寬字型的字距看起來凌亂不整，可讀性較低。

✕ 等寬字型（Andale Mono）

Multiplicity of Meaning in Kenji's Stories

One of the appeals of Kenji's stories is that they can be read on a number of different levels. The multiplicity of meaning found in his stories was added in the process of several rewritings, which were not always simple partial adjustments, but often changed the entire structure of the story.

◯ 比例字型（Frutiger）

Multiplicity of Meaning in Kenji's Stories

One of the appeals of Kenji's stories is that they can be read on a number of different levels. The multiplicity of meaning found in his stories was added in the process of several rewritings, which were not always simple partial adjustments, but often changed the entire structure of the story.

等寬字型與比例字型的內文範例。等寬字型字距較開，單字變得難以辨識，不好閱讀。

✕ 35年の歷史
◯ → 35年の歷史

英文字體比中、日文字體小一圈，所以在中、日文中使用英文字體時（數字的 35），必須放大英文字體的字級。

✕ 35年の歷史
◯ → 35年の歷史

英文字體看起來稍微偏上，請調整使其與中、日文字體等高。

06

漂亮標題的作法

製作主題或標題這類醒目的部分時，別忘了調整字距（文字的間隔）。
只要稍作調整，就會顯得格外美觀。

☑ 調整字距，讓文字變醒目！

不只是供人閱讀的文章，主題或標題這類當作視覺焦點的文字，建議在文字輸入後也要逐一調整字距。只要稍微調整字距，整體外觀就會提升，變成具一致性的版面。

為何非得調整字距不可？這是因為中、日文體會將文字設計在所謂的「字身框」內。文字的筆劃與視覺大小，會依文字而有所差異。因為字身框都一樣，若使用預設字距（使用預設值、未經調整的文字輸入狀態），則筆劃少的文字左右會產生多餘的留白，使文字排列在視覺上看起來不工整。

為了讓連貫的文字排列看起來美觀，必須以目測方式調整字距，使其看起來均等。

☑ 憑「肉眼」決定字距

或許有人會感到意外，調整字距並沒有所謂的「應該這麼做」的統一原則，而是憑你自身的美感，邊觀察文字排列邊微調字距。剛開始可能無法稱心如意，但反覆摸索定能掌握要領。

另外，調整字距的技巧稱為「字距微調（Kerning）」。文字輸入後，請再針對個別文字進行字距微調，讓整體變美觀。

---

memo

日本當地的設計實務中，在表示文字間隔時，會用 ⌄ 表示「負」（字距縮小），用 ⌃ 表示「正」（字距加大）。

中、日文字體將所有文字都設計在字身框內。另一方面，英文字體的比例字型，依文字種類有不同的字身框。

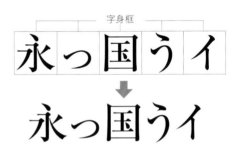

日文編排中若包含筆劃或比例差距明顯的文字，直接輸入會呈現字距不均的狀態。主題或標題這類醒目處的字距，請務必適度調整，以取得視覺平衡。

字距調整的視覺差異

預設字距
今日の天気はハレ

字距微調的例子（拉近）
今日の天気はハレ
-20　-80　+80　+60　+80　-120

字距微調的例子（拉開）
今日の天気はハレ
+220　+200　+160　+280　+240　+260　+40

預設字距的「天」與「気」的間距看起來窄，「ハ」與「レ」的字距較開。利用字距微調拉近字距，可強調文字排列，拉開字距則給人舒適感。

☑ 中、日文字距調整的基本

有些中文字體的漢字看起來會比較密集,這些部分請多加留意。

而日文片假名、平假名與漢字相比,有視覺上略顯空洞的傾向。尤其是「ァ」和「ト」這類比字身框小的文字,更容易產生空隙。

另外,標點符號(句號、逗號等等)前後也容易顯得空洞,建議確實地調整字距。

☑ 英文字距調整的基本

英文字體若使用比例字型(P.115),可確保一定程度的視覺美觀。不過,視相鄰文字而定,有時也會出現字距不協調的狀況。

舉例來說,「W」和「A」並排時,因傾斜平行線並排的緣故,用預設值會使字距顯得空洞(請參照右圖)。此外,當「T」和「A」相鄰時,由於「T」的下半部較空,因此也會有看起來空洞的傾向(請參照下圖)。此時也必須以目測方式調整,使其看起來均等。

還有,有些數字的前後也會出現「空洞」或「擁擠」的狀況。舉例來說,「1」的前後會顯得空洞(請參照下圖)。此現象會因字體而有程度上的差異,當文字並排時,請務必多加留意觀察。

預設的片假名與漢字的間隔,括弧和其後的「の」之間有極大的空白,整體留白凌亂不整。以目測方式調整字距,看起來才能協調許多。

預設的「W」和「A」因帶有傾斜平行線的緣故,看起來會有點開。相較「V」和「E」的間隔即可看出差異。藉由調整字距可強調文字排列,使其變美觀。

左:「1」的前後容易顯得空洞,必須以目測方式作適度調整。
右:「T」和「A」並排,「T」下面感覺空洞,有必要調整。

☑ 應用範例

千萬別小看字距微調。雖然步驟流程僅用一句「調整文字的間隔」來表示，但依據不同作法，可能使結果變美觀，相反地也可能變難看。由於技巧單純，也較容易因個人本事而影響結果。

底下介紹幾個字距微調與其他技巧（調整文字大小、追加圖形等）的組合範例。透過字距微調變美觀的文字排列，只要稍微加點設計要素，就能更臻理想。

橫式明體的字距微調

預設字距（リュウミン B-KL）

揺るぎない輝き

字距微調

揺るぎない輝き
-15　-185　-80　-65　-20　-95

字距微調後

揺るぎない輝き

直式黑體的字距微調

預設字距
（見出コ MB31）

世紀末の寄贈の絵画

字距微調

世紀末の寄贈の絵画
5　-70　-30　-85　-35

字距微調後

世紀末の寄贈の絵画

用大小差異來表現

預設字距（筑紫明朝）

不思議な国のアリス

字距微調

不思議な国のアリス
-100　-35　-60　-120　-100　-390　-320　-355

字距微調後

不思議な国のアリス

縮小平假名的「な」和「の」等接續文字，可呈現節奏感。

日文字體＋英文字體

預設字距（新ゴ B）

「少女神」第 9 号

字距微調&字體變更
新ゴ L　新ゴ B　　Helvetica Neue Bold

「少女神」第9号
-90　5　10　-70　-445　-240　-130

字距微調後

「少女神」第9号

括弧使用細字體，顯得清爽俐落。

用位置與框線來表現

原始文字

vol.5

vol **5**　vol **5**

vol **5**　**5** vol

vol **5**　vol **5**

vol **5**　vol **5**

文字位置作各種嘗試，或是追加框線裝飾，即可衍生出多種變化。

用字體家族來表現

EXPO 2015
EXPO 2015
EXPO 2015
EXPO 2015

Visual Typograhy

Futura Bold

VISUAL TYPOGRAHY

Gotham Black　Gotham Light

藉由不同粗細的字體家族呈現統一感。

明體＋黑體

預設字距（リュウミン B-KL）

ガウディ
地中海が生んだ天才建築家

リュウミン B-KL＋新ゴ B

ガウディ
地中海が生んだ天才建築家

新ゴ B＋リュウミン B

天才建築家 **ガウディ**

黑體的組合例

預設字距（こぶりなゴシック Std W6）

**面白かったオススメ
小説ランキング**

こぶりなゴシック Std W6

面白かったオススメ
小説ランキング

こぶりなゴシック Std W6＋新ゴ B

面白かった
オススメ **小説ランキング**

日文字體＋英文字體

預設字距（見出ゴ MB31）

01. デザインを学ぶ

リュウミン M＋DIN

01 | デザインを学ぶ

新ゴ＋DIN

01 ⟨ デザインを学ぶ ⟩

新ゴ＋DIN

01
デザインを学ぶ

DESIGN Point

ガウディ
地中海が生んだ天才建築家

整齊排列是重點

地中海が生んだ
天才
建築家 **ガ**

面白かったオススメ
等比 **小説ランキング**

等比　　等差

| 12pt | 12pt |
| 15pt |
24pt	18pt
	21pt
48pt	24pt

大小的思考方法
設定不同的文字大小時，若困惑於該呈現多少差距時，不妨試著從「等比」或「等差」去思考。想要讓標題具明確的大小差異時，建議使用「等比」。

面白かった
オススメ ✕

面白かった
オススメ ◯

行距不可過大

對齊 **01**
デザインを学ぶ

01 ●●デザインを学ぶ
空格一致

數字基本上也
使用英文字體

01 ⟨●デザインを学ぶ●⟩
左右、上下的空格一致

設計時，經常以「調味」的方式來使用英文字體。「調味」是指不用文字來明確傳達資訊，而是用文字來**裝飾版面**。單純用中、日文的編排，有時會給人拘謹的印象，此時便可利用此技巧來妝點版面。英文的魅力可拓展藝術性的表現空間。英文字母不像漢字那麼複雜，文字本身如同標記符號般簡潔，可在確保可讀性的同時展現各種魅力。

▼ 裁切出血文字的魅力

將文字放大裁切的設計，是種直接傳遞語言的表現手法。英文字母與數字的形狀較為單純，裁掉部分後的文字仍具辨識性，是能夠多方活用的設計手法。

▼ 立體文字的魅力

英文字母直線較多，立體化後可呈現建築物般的形態。藉由簡約的立體形式可營造高級感。

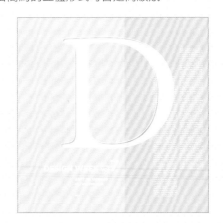

▼ 用文字強弱展現魅力

使用字體家族，藉由改變字體粗細、調整顏色來增添層次感，是種
簡單就能表現統一感的有效手法。

▼ 變形的魅力

英文字母或數字筆劃少、形狀單純，只要加點變化就能獲得有趣的效果。

▼ 描邊文字的運用

描邊文字適用於粗字體。想要表現可愛文字時效果很好。

讓人閱讀的文章、吸引目光的文字

將文字圖示化

想要正確地傳達製作物或資料中的重點文字,或是苦於不知該如何表現文字強弱時,
圖示化會是個方便好用的方法。

☑ 文字的任務

文字,可分為仔細閱讀始可理解的「閱讀用的
文章」,以及瞬間映入眼簾並產生記憶點的
「吸睛用的文字」。版面中有吸睛用的文字
(想引人注目的文字)時,便可利用圖示化的
方法來處理。

圖示化可讓人迅速辨識資訊,視覺上也美觀。
請依資訊的優先順序,來思考圖示化的作法。

文字要素多時,若單純用
文字大小很難表現強弱。

☑ 有效的圖示化

當文字要素多、或是版面有限時,單用文字大
小很難做出差別。此時將部分文字圖示化,可
適度調整版面平衡。

將文字圖示化,即可
瞬間傳遞資訊。

各種圖示化的方法。依據資訊的
優先順序及欲強調的程度,靈活
設計圖示。詳細請參考下頁。

☑ 圖示化的方法

圖示化的前提是**確實賦予層次**。若差異太小、過於微妙，讀者很難察覺。

圖示化的方法不勝枚舉，主要的製作重點如下所示，同時也提供幾個設計例供參考。

Point 1 數字使用英文字體，並放大表示

Point 2 把具訴求力或須傳達的文字框起來

Point 3 整合成單一個體來配置

Point 1

數字使用英文字體

英文字母與數字請務必使用英文字體。如果全部使用中、日文體，可能會不好看。

改變文字排列以強調數字

數字放大，並改變「円」和「税込」的配置，藉此與其他資訊差別化，強調文字的群組性。

Point 2

將訴求文字框起來以強調

文字加框的注意事項

在框線中放入文字時，請在文字周圍適當地留白，並將文字配置在正中間。

Point 3

使其呈現單一個體

想要看起來像單一個體，讓設計要素對齊是重點。「0　無料」的例子中，把「無料」框起來，疊在「円」字上面，可藉此強調整體感。

尊重文字的原貌

避免隨意加工文字

每種字體都有各自的設計考量。
設計時不建議強行縮放、變形文字、或是任意加工。

☑ 避免文字變形

要將文字放在特定範圍內時,請勿將文字變寬或壓縮,導致原有形狀變形。

世界上所有的字體,全都是通過「容易閱讀」、「形態優美」等考量而設計出來的。在設計好的成品上隨意加工,會變得更難閱讀也更雜亂。

☑ 嚴禁過度裝飾

為了強調文字而做了過多的加工,反而會變得更難閱讀,破壞文字原有的意義。例如:過多的描邊文字與漸層文字、過強的陰影、立體處理、透視變形等等都是。

這些技法雖然並非全然無效,適度地活用還是有可能產生效果,但是要做得漂亮有點難度。右圖介紹一些錯誤的處理方法,請盡量避免。

原始文字
こちらをご覧下さい

✕ 錯誤的變形

こちらをご覧下さい
こちらをご覧下さい
こちらをご覧下さい

將文字縮放變形,變得很難閱讀。

✕ 過度加工的文字

こちらをご覧下さい
こちらをご覧下さい
こちらをご覧下さい
こちらをご覧下さい

將文字過度加工,會破壞文字的作用,而且也不好看。

這點也記起來! 漂亮的描邊文字

文字增加邊框的表現方法稱為「描邊文字」。製作漂亮的描邊文字有以下 5 個要點,製作時請仔細確認。

① 使用粗體字
② 減少顏色數量
③ 清楚表現顏色差異
④ 使用漸層時,請用同色系以縮小色調差異
⑤ 邊框要加在文字外緣

✕ こちら ○ こちら

製作描邊文字時,為了避免破壞文字形狀,請將邊框加在文字外緣。

○ こちらをご覧下さい
こちらをご覧下さい

Chapter

文章的設計

製作易讀文章的基礎知識

我們能夠流暢地閱讀雜誌與書籍，都是因為其中存有必然的法則。製作易讀性佳的文章時，必須做到讓讀者不會注意到是否好讀、看起來自然的程度。本章將介紹編排出易讀文章的基本法則。

易讀文章的製作方法 ①

挑選字體

文章的設計沒有像其他平面要素般花俏（具有強烈視覺），但是文章的易讀與否，對設計的好壞有極大影響。

☑ 易讀文章的基本原則

大多數的製作物與資料文件，製作目的都是為了傳達某些「資訊」給讀者。因此，不管做得再漂亮，若無法準確傳達資訊，一切都是枉然。這意味著**文章的易讀性非常重要**。

設計易讀的文章，要注意以下 3 點基本要素：

❶ 字體的粗細　❷ 文字的大小　❸ 行距與行寬

☑ 容易閱讀的字體

製作文字量多的文章時，第一個要件就是選擇「容易閱讀的字體」。

長篇文章使用裝飾少的簡單字體，可減緩眼睛疲勞、提升易讀性，降低誤讀機率。請避免使用裝飾體（請參考下頁）這類特色過於鮮明的字體，盡量選用細明體／有襯線字體，或是細黑體／無襯線字體。

從右圖應該就能清楚看出字愈細愈容易閱讀。單一個文字就足以造成印象差距，文字量多時的差別更是明顯。下一頁準備了幾則長篇文章，帶各位實際確認文章的讀法與易讀性。

❸ 行距與行寬
❷ 文字的大小
❶ 字體的粗細

教室はたった一つでしたが生徒は三年生がない
は一年から六年までみんなありました。運動場
トのくらいでしたが、すぐうしろは栗の木のあ
の山でしたし、運動場のすみにはごぼごぼつめ

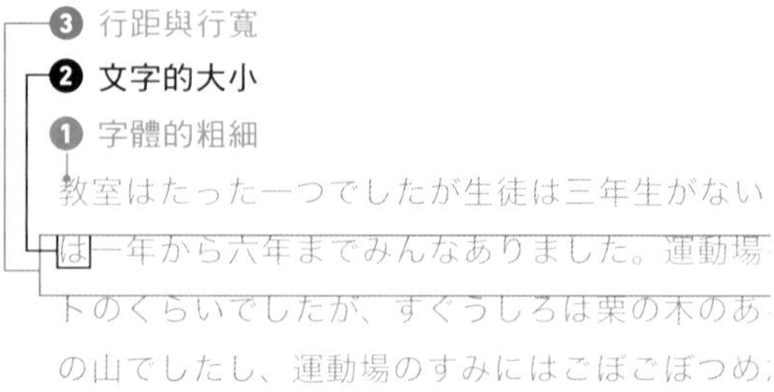

易讀文章的設計要點有 ❶ 字體的粗細、❷ 文字的大小、❸ 行距與行寬這 3 點。

難以閱讀 ◄────────► 容易閱讀

永 *永* 永 永 永
永 永 永 永 永

字愈細、黑色部分愈少，愈能給人俐落的感覺。

細字體

教室はたった一つでしたが生徒は三年
教室はたった一つでしたが生徒は三年
One of the appeals of Kenji's sto
One of the appeals of Kenji's stor

粗字體

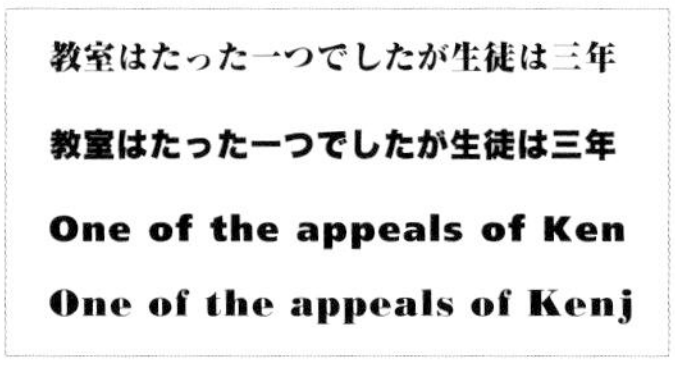

教室はたった一つでしたが生徒は三年
教室はたった一つでしたが生徒は三年
One of the appeals of Ken
One of the appeals of Kenj

跟本文一樣，偏小的文字若使用粗字體，過於強烈的黑色會使文章顯得難以閱讀。

> *memo*
>
> 挑選本文字體時，使用字體家族（P.113）可讓設計取得協調性。舉例來說，大標使用粗字、小標使用中等粗細的字、本文使用細字，藉由相同字體家族的粗細變化來維持一致性，進而產生協調感。

☑ 「細明體」與「細黑體」

「細明體」與「細黑體」的黑都偏少，看起來清爽俐落，感覺比較容易閱讀。
因此廣泛使用於長篇本文等多種設計編排上。

◯ 日文明體（リュウミン・字體樣式 R）

教室はたった一つでしたが生徒は三年生がないだけで、あとは一年から六年までみんなありました。運動場もテニスコートのくらいでしたが、すぐうしろは栗の木のあるきれいな草の山でしたし、運動場のすみにはごぼごぼつめたい水を噴く岩穴もあったのです。さわやかな九月一日の朝でした。青ぞらで風がどうと鳴り、日光は運動場いっぱいでした。黒い雪袴をはいた二人の一年生の子がどてをまわって運動場にはいって来て、まだほかにだれも来ていないのを見て、「ほう、おら一等だぞ。一等だぞ。」とかわるがわる叫びながら大よろこびで門をはいって来たのでしたが、ちょっと教室

◯ 日文黑體（ヒラギノ角ゴ・字體樣式 3W）

教室はたった一つでしたが生徒は三年生がないだけで、あとは一年から六年までみんなありました。運動場もテニスコートのくらいでしたが、すぐうしろは栗の木のあるきれいな草の山でしたし、運動場のすみにはごぼごぼつめたい水を噴く岩穴もあったのです。さわやかな九月一日の朝でした。青ぞらで風がどうと鳴り、日光は運動場いっぱいでした。黒い雪袴をはいた二人の一年生の子がどてをまわって運動場にはいって来て、まだほかにだれも来ていないのを見て、「ほう、おら一等だぞ。一等だぞ。」とかわるがわる叫びながら大よろ

☑ 「粗明體」與「粗黑體」

「粗明體」強調細線與粗線的對比，「粗黑體」整體筆劃厚重。用在長篇文章時
都會給人壓迫感，很難閱讀。

✕ 日文明體（リュウミン，字體樣式 U）

教室はたった一つでしたが生徒は三年生がないだけで、あとは一年から六年までみんなありました。運動場もテニスコートのくらいでしたが、すぐうしろは栗の木のあるきれいな草の山でしたし、運動場のすみにはごぼごぼつめたい水を噴く岩穴もあったのです。さわやかな九月一日の朝でした。青ぞらで風がどうと鳴り、日光は運動場いっぱいでした。黒い雪袴をはいた二人の一年生の子がどてをまわって運動場にはいって来て、まだほかにだれも来ていないのを見て、「ほう、おら一等だぞ。一等だぞ。」とかわるがわる叫びながら大よろこびで門をはいって来たのでしたが、ちょっと教室

✕ 日文黑體（ヒラギノ角ゴ，字體樣式 9W）

教室はたった一つでしたが生徒は三年生がないだけで、あとは一年から六年までみんなありました。運動場もテニスコートのくらいでしたが、すぐうしろは栗の木のあるきれいな草の山でしたし、運動場のすみにはごぼごぼつめたい水を噴く岩穴もあったのです。さわやかな九月一日の朝でした。青ぞらで風がどうと鳴り、日光は運動場いっぱいでした。黒い雪袴をはいた二人の一年生の子がどてをまわって運動場にはいって来て、まだほかにだれも来ていないのを見て、「ほう、おら一等だぞ。一等だぞ。」とかわるがわる叫びながら大よろ

這點也記起來！ 《 裝飾體（display）

除非是為了強調字體的個性以引人注目，否則請別輕易使用裝飾體。用在標題等欲突顯的部分或許不錯，但若用在想要準確傳達資訊的本文上，它們過於搶眼的文字形狀，並排時會顯得凌亂不堪，使文章變得難以閱讀。

教室はたった一つでしたが生徒は三年生がないだけで、あとは一年から六年までみんなありました。運動場もテニスコートのくらいでしたが、すぐうしろは栗の木のあるきれいな草の山でしたし、運動場のすみにはごぼごぼつめたい水を噴く岩穴もあったのです。さわやかな九月一日の朝でした。青ぞらで風がどうと鳴り、日光は運動場いっぱいでした。黒い雪　をはいた二人の一年生の子がどてをまわっ

字體名稱：HG 創英角ポップ体

本文適用的典型字體

※譯註：以下以日文字體為例，淺藍色字為日文字體名稱。

▶ 本文適用的典型字體　[日文明體]

ヒラギノ明朝

な 金曜日は 森のレストラン

在現代時髦感中，帶有傳統筆觸的流線，優美的形式是其特徵。泛用性高，堪稱全能的明體。

游明朝体

な 金曜日は 森のレストラン

當代標準字體。給人現代、明朗的感覺。是日本為了整合單行本或文庫等小說而開發的字體。

小塚明朝

な 金曜日は 森のレストラン

以傳統日文字體為基礎製成的字體。字體家族豐富、兼具傳統與現代，同時帶有統一感的字體。

リュウミン

な 金曜日は 森のレストラン

以森川龍文堂活版印刷所的明朝体為範本製成的明體。無鮮明特徵、泛用性高的字體。

筑紫 A オールド明朝

な 金曜日は 森のレストラン

充滿坦蕩灑脫的美，又帶有豐富的表情與深沉的韻味，鈎與捺延伸線條的殘留狀態也是其特徵，是極具特色的舊風格字體。

教科書明朝 ICA

な 金曜日は 森のレストラン

教科書體，是衍生自手寫楷書體。其文字形狀根基於日本文部省發行之「小學校學習指導要領」，是日本文教界常用的字體。

▶ 本文適用的典型字體　[日文黑體]

ヒラギノ角ゴシック

な 金曜日は 森のレストラン

具現代感、視認性高，存在感強的字體。從極小到特大，應用範圍寬廣。

游ゴシック体

な 金曜日は 森のレストラン

標準的黑體。字腔窄的漢字搭配略小的假名，圓潤的端點呈現柔和感。

中ゴシックBBB　無字體家族

な 金曜日は 森のレストラン

字體偏小，是長年受到愛戴的傳統黑體。優異的可讀性，適合用來閱讀。

メイリオ

な 金曜日は 森のレストラン

Windows 從 Vista 版開始內建的字體。重視橫排可讀性，略寬的字面、稍大的字腔、水平垂直線是其特徵。

小塚ゴシック

な 金曜日は 森のレストラン

與小塚明朝同時製作，是字面率大的現代風格黑體。字體家族豐富、泛用性高的字體。

こぶりなゴジック

な 金曜日は 森のレストラン

控制字面率的設計，具柔和感的黑體。具備 3 種字體樣式，用途廣泛，直排或橫排都能呈現良好的平衡感。

在此要介紹本文與圖說經常用到的典型字體。字體種類難以計數，剛開始可能會不清楚「容易閱讀的文章」該使用何種字體。無從決定時，不妨試著參考這裡列舉的字體。

▶ 本文適用的典型字體 ［英文有襯線字體］

Adobe Caslon

R ABCEFG
abcdefg 12345 !?

以活躍於 18 世紀的 William Caslon 字體為基礎製成的字體。應用範圍廣，是《美國獨立宣言》使用的活字，因而享譽盛名。

Adobe Garamond

R ABCEFG
abcdefg 12345 !?

以 Claude Garamond 的活字為基礎製成的字體。具傳統感、柔和感，是舊風格有襯線字體的代表。

Baskerville

R ABCEFG
abcdefg 12345 !?

英國的 John Baskerville 設計的字體，是過渡時期字體的代表。常用於書籍的本文編排。

Times

R ABCEFG
abcdefg 12345 !?

倫敦《泰晤士報》（The Times）使用的字體。是最常用的有襯線字體，可讀性佳，標題或本文都可使用。

Bodoni

R ABCEFG
abcdefg 12345 !?

1970 年左右由義大利印刷工匠 Giambattista Bodoni 所製。具幾何結構、極細線（Hairline）非常細等特徵。是廣受設計師喜愛的字體。

Georgia

R ABCEFG
abcdefg 12345 !?

1990 年代為了能在螢幕上清晰顯示而開發的字體。小寫 x 的高設計得較高、字腔大是其特徵。

▶ 本文適用的典型字體 ［英文無襯線字體］

Gotham

R ABCEFG
abcdefg 12345 !?

2000 年 Hoefler 與 Frere-Jones 製成的字體。視認性高，幾何形狀的現代風格，近年來廣泛用於全世界。

Optima

R ABCEFG
abcdefg 12345 !?

帶有古典輪廓的無襯線字體。常見於標題，也適用於本文。其獨特的優美形式具有高級感。

Helvetica

R ABCEFG
abcdefg 12345 !?

非常有名的字體。簡潔且具說服力的字形，用途不受限，可廣泛運用在各種設計範疇上。

Frutiger

R ABCEFG
abcdefg 12345 !?

瑞士字體設計師 Adrian Frutiger 替巴黎戴高樂機場指標系統所設計的字體。也適合用來編排本文。

Gill Sans

R ABCEFG
abcdefg 12345 !?

1930 年左右出自英國藝術家 Eric Gill 之手的字體。具有古典的骨架，視認性高。用於標題時可展現個性，用於本文也容易閱讀。

Univers

R ABCEFG
abcdefg 12345 !?

主要是設計來編排本文，以 1957 年羅馬體為基礎製成的字體。具備柔和的形象，除了本文外，也常見於其他設計範疇。

易讀文章的製作方法 ②

文字的大小

文章的易讀性，除了字體粗細與種類外，也深受文字大小的影響。
以下將提供幾則實例，解說挑選最佳字體的方法。

☑ 文字的大小與易讀性

上一節已介紹過「容易閱讀的字體」，接著要來說明「容易閱讀的本文字級大小」。

首先請確認右圖，分別是極端「大尺寸」與「小尺寸」的本文編排。實際看過後，應該會覺得兩者都不太容易閱讀。那麼，容易閱讀的文字究竟是多大呢？

☑ 容易閱讀的文字大小

文章的文字大小雖然沒有明確的基準，但是有常用尺寸的平均值。

右表刊載了一般常用的字級，請依據製作物或資料的內容來參考。

另外，若目標對象為高齡者或年幼族群，請使用較大的字級。

還有，粗字體與細字體相比，較容易出現難以辨識的現象。尤其中、日文有許多比英文筆劃多的文字（漢字），本文使用粗的黑體或明體時須特別留意。

> ───── *memo* ─────
> 圖說基本上會使用比本文還小的字級。印刷品的文字最小不得低於 5pt。雖然因字體而異，不過小於 4pt 的文字通常都不好辨識，請盡量避免。

本文字級 22pt（字體名：リュウミン M）

教室はたった一
つでしたが生徒

本文字級 4pt（字體名：リュウミン M）

教室はたった一つでしたが生徒は 三年生がないだけで、あとは 一年から六年までみんなありました。運動場もテニスコートのくらいでしたが、すぐうしろは栗の木のあるきれいな草の山でしたし、運動場のすみにはごぼごぼつめたい水を噴く岩穴もあったのです。さわやかな九月一日の朝でした。青ぞらで風がどうと鳴り、日光は運動場いっぱいでした。黒い雪袴をはいた 二人の一年生の子がどてをまわって運動場にはいって来て、まだほかにだれも来ていないのを見て、「ほう、おら一等だぞ。一等だぞ。」とかわるがわる叫びながら大よろこびで門をはいって来たのでしたが、ちょっと教室の中を見ますと、二人ともまるでびっくりして棒立ちになり、それから顔を見合わせてぶるぶるふるえましたが、ひとりはとうとう泣き出してしまいました。というわけは、そのしんとした朝の教室のなかにどこから来たのか、まるで顔も知らない

文字太大或太小都很難閱讀。

各式媒體的常用字級

製作物	常用字級
資料、雜誌、型錄、手冊	7.5～9pt
明信片等 DM	6～8pt
電車內的海報	17～23pt 以上
網頁	12～16pt

☑ 資料、雜誌、型錄等製作物的常用字級使用範例（原寸大小）

横排　本文字級　リュウミン／9pt

教室はたった一つでしたが生徒は三年生がないだけで、あとは一年から六年までみんなありました。運動場もテニスコートのく

横排　本文字級　リュウミン／7.5pt

教室はたった一つでしたが生徒は三年生がないだけで、あとは一年から六年までみんなありました。運動場もテニスコートのくらいでしたが、すぐうしろは栗の木のあるきれいな草の山でしたし、運動場

横排　本文字級　こぶりなゴジック W3／9pt

教室はたった一つでしたが生徒は三年生がないだけで、あとは一年から六年までみんなありました。運動場もテニスコー

横排　本文字級　こぶりなゴジック W3／7.5pt

教室はたった一つでしたが生徒は三年生がないだけで、あとは一年から六年までみんなありました。運動場もテニスコートのくらいでしたが、すぐうしろは栗の木のあるきれいな草の山でし

直排　本文字級
リュウミン L／9pt

教室はたった一つでしたが生徒は三年生がないだけで、あとは一年から六年までみ

直排　本文字級
リュウミン L／7.5pt

教室はたった一つでしたが生徒は三年生がないだけで、あとは一年から六年までみんなありました。運動場

直排　本文字級
こぶりなゴジック W3／9pt

教室はたった一つでしたが生徒は三年生がないだけで、あとは一年から六年まま

直排　本文字級
こぶりなゴジック W3／7.5pt

教室はたった一つでしたが生徒は三年生がないだけで、あとは一年から六年までみんなありました。

這點也記起來！　　字級的單位

文字的基本單位是「點」或「級」。

「點」，是以歐美活字尺寸為基準的單位。1 點約 1/72 英寸。也就是説 1 點 ≒0.3528。設定時通常會顯示為「pt」。

「級」，是日文文章排版用的字級單位。1 級＝0.25mm，也就是 1 mm 的 1/4。設定時通常會顯示為「Q」。

有些字體過小時會難以辨識，請多注意。

級（Q）	點（pt）	級（Q）	點（pt）
4		20	14
5		24	16
	4	28	20
7	5	32	22
8	5.5	38	26
9	6	44	31
10	7	50	34
11	7.5	56	38
12	8	62	42
13	9	70	50
14	10	80	57
15	10.5	90	64
16	11	100	71

依用途區分的字級標準（原寸表示）

本文　13Q/9pt～

文字級數

3.25mm

標題　16Q/11pt～

文字級數

4mm

大標題　38Q/26pt～

文字級数

9.5mm

思考符合用途的文字大小，這點很重要。

易讀文章的製作方法 ③

行距與行寬

適當地調整行距與行寬，不僅能使文章煥然一新，而且更好閱讀。
請將行距與行寬視為一組來考量。

☑ 最佳行距

行距，指的是某行文字與下一行文字的距離（請參照右圖）。過窄、過寬的行距，都會使文章變得難以閱讀。

一般而言，理想的行距是字級的 1.5～2 倍。也就是說，當本文字級為 8pt 時，行距設定為 12pt～16pt 左右是最好的。

不過，最佳行距會隨著行寬而有所變動，因此設定行距時也須同時考量行寬。

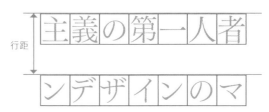

文字的易讀性，與行距的設定有極大關係。

	✖ 字級：8pt 行距：10pt	✖ 字級：8pt 行距：22pt	○ 字級：8pt 行距：14pt
橫排時	教室はたった一つでしたが生徒は三年生がないだけで、あとは一年から六年までみんなありました。運動場もテニスコートのくらいでしたが、すぐうしろは栗の木のある	教室はたった一つでしたが生徒は三年生がないだけで、あとは一年から六	教室はたった一つでしたが生徒は三年生がないだけで、あとは一年から六年までみんなありました。運動場もテニスコー
直排時	教室はたった一つでしたが生徒は三年生がないだけで、あとは一年から六年までみんなありました。運動場もテニスコートのくらいでしたが、すぐうしろは	教室はたった一つでしたが生徒がないだけで、あとは一年か	教室はたった一つでしたが生徒は三年生がないだけで、あとは一年から六年までみんなありました。運動
	行距太小時，看不出是橫排或直排，視線移動困難。	行距太大，看起來很零散，視線也無法流暢地移動到下一行。	行距適當，視線可流暢地移動到下一行，而且也不會感覺零散。

☑ 最佳行寬（行的寬度）

行寬是指一行的字數。最佳行寬依行距而定。

行距小的情況下，行寬較短的文章會比較容易閱讀；反之，行距大時，行寬設長一點會比較好閱讀。文章是否容易閱讀，正如上述所說，取決於行距與行寬的平衡。

行寬設定為短窄，讀者很快就能讀完一行，能夠以良好的節奏循序閱讀。因此，報章雜誌等媒體經常採取短行寬的文章編排。

相反地，行寬設定為寬長，可讓視線適度地移動、更仔細地閱讀，常見於小説等出版品中。

不過，行寬如果太長，視線較難隨文章移動、或是無法回到下一行的行首，導致文章易讀性下降，還請多加留意。

一行究竟該有多少字？雖然沒有硬性規定，但是基本上 15～35 字左右最為理想。文章量多時，請考慮編排成 2 欄或 3 欄。

 字級：5pt　行距：8pt

教室はたった一つでしたが生徒は三年生がないだけで、あとは一年から六年までみんなありました。運動場もテニスコートのくらいでしたが、すぐうしろは栗の木のあるきれいな草の山でしたし、運動場のすみにはごぼごぼつめたい水を噴く岩穴もあったのです。さわやかな九月一日の朝でした。青ぞらで風がどうと鳴り、日光は運動場いっぱいでした。黒い雪袴をはいた二人の一年生の子がどてをまわって運動場にはいって来て、まだほかにだれも来ていないのを見て、「ほう、おら

教室はたった一つでしたが生徒は三年生がないだけで、あとは一年から六年までみんなありました。運動場もテニスコートのくらいでしたが、す

教室はたった一つでした が生徒は三年生がないだけで、

上面 3 張圖的行距都相同。可看出行寬適度縮短會比較容易閱讀，但若像最右圖般過短則很難閱讀。行距與行寬取得平衡很重要。

 字級：5pt　行距：13pt

教室はたった一つでしたが生徒は三年生がないだけで、あとは一年から六年までみんなありました。運動場もテニスコートのくらいでしたが、すぐうしろは栗の木のあるきれいな草の山でしたし、運動場のすみにはごぼごぼつめたい水を噴く岩穴もあったのです。さわやかな九月一日の朝でした。青ぞらで風がどうと鳴り、日光は運動場いっぱいでした。黒い雪袴をはいた二人の一年生の

教室はたった一つでしたが生徒は三年生がないだけで、あとは一年から六年までみんなありました。運動場もテニス

教室はたった一つでしたが生徒は三年生がな

跟上圖一樣都是一行 49 字的長文章，但因行距加大，使閱讀困難的問題大幅改善。行距加大後，行寬短反而變得較難閱讀。

 第一段與第二段的文字基線不整齊

教室はたった一つでしたが生徒は三年生がないだけで、あとは一年から六年までみんなありました。運動場もテニスコートのくらいでしたが、すぐうしろは栗の木のあるきれいな草の山でしたし、運動場のすみにはごぼごぼつめたい水を噴く岩穴もあったのです。さわやかな九月一日の朝で

した。青ぞらで風がどうと鳴り、日光は運動場いっぱいでした。黒い雪袴をはいた二人の一年生の子がどてをまわって運動場にはいって来て、まだほかにだれも来ていないのを見て、「ほう、おら一等だぞ。一等だぞ。」とかわるがわる叫びながら大よろこびで門をはいって来たのでしたが、

 基線對齊

教室はたった一つでしたが生徒は三年生がないだけで、あとは一年から六年までみんなありました。運動場もテニスコートのくらいでしたが、すぐうしろは栗の木のあるきれいな草の山でしたし、運動場のすみにはごぼごぼつめたい水を噴く岩穴もあったのです。さわやかな九月一日の朝で

した。青ぞらで風がどうと鳴り、日光は運動場いっぱいでした。黒い雪袴をはいた二人の一年生の子がどてをまわって運動場にはいって来て、まだほかにだれも来ていないのを見て、「ほう、おら一等だぞ。一等だぞ。」とかわるがわる叫びながら大よろこびで門をはいって来たのでしたが、

文字量多時，如圖編排成 2 欄可有助閱讀。另外，當欄位增加時，請務必讓各欄位的文字基線對齊。基線偏移會降低易讀性，也不好看。

標題的效果

標題，擔任適時傳達文字資訊給讀者的重要角色。
一起來製作兼具美觀與易讀性的標題吧！

☑ 標題的效果

沒有標題時，非得閱讀本文才能了解特定資訊；有了標題，在閱讀本文前，即可大致預測文章內容。

標題要夠明顯，但是太明顯又可能會破壞設計。如何適度地突顯標題，同時提高設計的可讀性，是很重要的課題。

適度突顯標題的作法有：「文字加粗」、「文字放大」、「用框線圍住」、「改變顏色」等等。

底下提供幾個具體例，協助各位發想符合製作物內容的標題。

突顯標題的方法

▶ 文字加粗
▶ 文字放大
▶ 用框線圍住文字
▶ 改變文字顏色
▶ 替部分文字增添裝飾效果

▶ 各種標題設計例

當版面要素都是文字時，試著替標題設計下點工夫，就能呈現讓讀者興趣盎然的版面。

モダンデザイン主義者

チヒョルトは1923年にドイツ・ヴァイマル市のバウハウスで開催された最初の展示会を訪れてから、モダンデザイン主義者に転向した。彼は1925年に雑誌を出版して影響力を示し、1927年に個展を開催し、そして彼の最も有名な著作である「Die neue Typographie」によって、モダンデザイン主義の第一人者となった。この本はモダンデザインのマニフェストとも言うべきものであり、サンセリフ（ドイツでは「グロテスク」と言う）以外のフォントを非難した。彼はまた中央揃えでないデザイン（例：扉ページなど）を好み、モダンデザインに様々なルールを築き上げた。ドイツ中に幅広い影響を与えたモダニスト・タイポグラフィーの原則に基づいた、この本の続編とも言うべき実践的マニュアルが続々と出版された。しかし、第二次世界大戦直前に彼がイギリスを訪れたにも関わらず、チヒョルトの論文はわずか4本が1945年に英訳されたのみであった。

古典主義に回帰

「Die neue Typographie」の影響が冷めない1932年以降、チヒョルトは古典主義に回帰してゆき、少しずつ頑なだった信条を捨てていった（例：1932年のSaskiaというフォントのボディーは、古典的なローマン体を受け入れたと言えよう）。彼は後に「Die neue Typographie」は極端過ぎた、と批評している。また、モダンデザインは概して権威主義的で、本質的に極右翼であるとまで非難までした。

　1947年から1949年の間、チヒョルトはイギリスに住み、ペンギン・ブックス社から出版された500種類以上のペーパーバックのリデザインの監修を務め、「the Penguin Composition Rules」として文字組のルールを規格化した。彼はペンギン社の本（特にペリカン・シリーズ）の見た目を統一したり、今日では常識となっている文字組の規格を導入しつつも、表紙や扉ページに様々なバリエーションを設けて、最終的な見た目はそれぞれ個性を出せるようにした。大衆向けペーパーバックを投ぐ会社で働きながら、彼はチープなポップカルチャー向けの仕事（例：映画のポスター）をこなし、キャリアを通してこの仕事を続けていった。

彼のモダンデザイン主義との決別は、戦後彼がスイスに移住したにも関わらず、彼が戦後のスイス・スタイルの中心人物にならなかった理由でもある。

「Die neue Typographie」の影響が冷めない1932年以降、チヒョルトは古典主義に回帰してゆき、少しずつ〔…〕年のSaskiaというフォントの〔…〕と言えよう）。彼は後に「Die n〔…〕る。また、モダンデザインは概〔…〕とまで非難までした。

―

Die neue Typographie

Jan Tschichold
1902.4/2 ‒ 1974.8/11

使用字體家族的設計範例。利用字體本身的共通性來展現協調感，堪稱最安全的作法。另外，若縮小標題與本文的躍動率，可呈現井然有序的感覺。

モダンデザイン主義者

チヒョルトは1923年にドイツ・ヴァイマル市のバウハウスで開催された最初の展示会を訪れてから、モダンデザイン主義者に転向した。彼は1925年に雑誌を出版して影響力を示し、1927年に個展を開催し、そして彼の最も有名な著作である「Die neue Typographie」によって、モダンデザイン主義の第一人者となった。この本はモダンデザインのマニフェストとも言うべきものであり、サンセリフ（ドイツでは「グロテスク」と言う）以外のフォントを非難した。彼はまた中央揃えでないデザイン（例：扉ページなど）を好み、モダンデザインに様々なルールを築き上げた。ドイツ中に幅広い影響を与えたモダニスト・タイポグラフィーの原則に基づいた、この本の続編とも言うべき実践的マニュアルが続々と出版された。しかし、第二次世界大戦直前に彼がイギリスを訪れたにも関わらず、チヒョルトの論文はわずか4本が1945年に英訳されたのみであった。

古典主義に回帰

「Die neue Typographie」の影響が冷めない1932年以降、チヒョルトは古典主義に回帰してゆき、少しずつ頑なだった信条を捨てていった（例：1932年のSaskiaというフォントのボディーは、古典的なローマン体を受け入れたと言えよう）。彼は後に「Die neue Typographie」は極端過ぎた、と批評している。また、モダンデザインは概して権威主義的で、本質的に極右翼であるとまで非難までした。

　1947年から1949年の間、チヒョルトはイギリスに住み、ペンギン・ブックス社から出版された500種類以上のペーパーバックのリデザインの監修を務め、「the Penguin Composition Rules」として文字組のルールを規格化した。彼はペンギン社の本（特にペリカン・シリーズ）の見た目を統一したり、今日では常識となっている文字組の規格を導入しつつも、表紙や扉ページに様々なバリエーションを設けて、最終的な見た目はそれぞれ個性を出せるようにした。大衆向けペーパーバックを投ぐ会社で働きながら、彼はチープなポップカルチャー向けの仕事（例：映画のポスター）をこなし、キャリアを通してこの仕事を続けていった。

彼のモダンデザイン主義との決別は、戦後彼がスイスに移住したにも関わらず、彼が戦後のスイス・スタイルの中心人物にならなかった理由でもある。

「Die neue Typographie」の影響が冷めない1932年以降、チヒョルトは古典主義に回帰してゆき、少しずつ頑なだった信条を捨てていった（例：1932年のSaskiaというフォントのボディーは、古典的なローマン体を受け入れたと言えよう）。彼は後に「Die neue Typographie」は極端過ぎた、と批評している。また、モダンデザインは概して権威主義的で、本質的に極右翼であるとまで非難までした。

―

Die neue Typographie

Jan Tschichold
1902.4/2 ‒ 1974.8/11

在標題行首配置直線，並將字體變更為粗明體的例子。加大標題與本文的躍動率，可呈現層次分明的力量感。

Chapter: 6

05 中、日文混雜英文

設計美觀文章的必備知識

中、日文的文章中帶有英文字母或數字時，要挑選貼近中、日文字體的英文字體。
此外，還必須調整英文字體的大小。

☐ 中英文混排／和歐混植的文章設計

中文混雜英數字的文章稱為「中英文混排」，
日文混雜英數字的文章則稱為「和歐混植」。

設計中英文混排／和歐混植的文章時，有別於
純中、日文文章或純英文文章，須注意以下幾
項要點。

❶ 挑選貼近中、日文字體的英文字體

❷ 調整英文字體的文字大小

❸ 讓基線對齊

☐ 挑選貼近中、日文字體的英文字體

製作中英文混排／和歐混植的文章時，最重要
的是**先選出貼近中、日文字體的英文字體**。英
文字體的挑選基準有以下幾點：

❶ 整合字體種類。若中、日文使用「明體」，
英文則用「有襯線字體」；若是「黑體」，
則搭配「無襯線字體」

❷ 挑選粗細或裝飾效果接近的字體

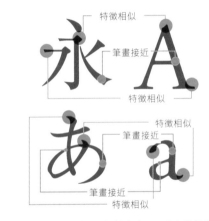

黑體　　　　　　　　無襯線字體
永関あ+AaR
明體　　　　　　　　有襯線字體
永関あ+AaR

「明體」搭配「有襯線字體」，「黑體」搭配「無襯
線字體」是基本原則。

特徵相似
永A
筆畫接近
特徵相似

特徵相似
あa
筆畫接近
筆畫接近
特徵相似

英文字體的挑選重點，是選擇與中、日文字體的粗細、
「鈎」、「捺」、「轉折」等處的特徵相似的字體。

》》 **這點也記起來！** 《 **利用字體形象來挑選**

挑選貼近中、日文字體的英文字體還有一
個方法，就是「利用字體形象來挑選」。

明體和有襯線字體中，有古典感的字體，
也有現代感的字體（P.110）。具相同形象
的字體，在設計上也帶有共通性，若組合
運用這些字體，比較容易營造協調性。

古典形象的組合例 ［リュウミン］+［Adobe Garamond］
永遠のEternal 旅 Journey

現代形象的組合例 ［小塚明朝］+［Didot］
永遠のEternal 旅 Journey

不同形象的組合例 ［リュウミン］+［Didot］
永遠のEternal 旅 Journey

☑ 調整英文字體的文字大小

中、日文字體與英文字體，文字本身的結構並不相同，所以在**設定為相同字級時，英文字體會顯得比較小。**

因此，設計中英文混排／和歐混植的文章時，必須調整英文字體的大小，使其與中、日文字的大小相等。

另外，文字大小還會依挑選的英文字體而有所差異，故無法一概用「放大多少%」來解決，不過在此提供一個參考值，相對於中、日文，可嘗試將英文放大成 110%。

☑ 讓基線對齊

英文字的大小與中、日文對齊後，部分英文字體的基線會有偏移的現象。橫排時，讓文字基線對齊是基本原則，因此須加以調整，使其與中、日文字體的基線對齊。

☑ 完整流程

最後來看看完整的流程吧（請參照下圖）。

左邊的文章只用日文字體「MS ゴシック」製成，中間的文章是把英文變更為英文字體「Helvetica R」，右邊的文章則是把英文字體放大成 110%，並讓基線對齊。與最左邊相比就一目了然，不僅較為美觀，也更容易閱讀。

▶ 調整中、日文與英文的文字大小

小塚明朝＋Didot

永A国Eあ

即使是相同字級，英文字體仍會比中、日文字體還小一點。

永A国Eあ

把英文字體放大成 110%，使其與中、日文字體均等。

永A国Eあ

英文字體稍微偏上，故將「A」與「E」的基線位移 -2%，使基線對齊。

永A国Eあ

到此就完成了。

MS ゴシック

Jan Tschichold, (1902年4月2日-は、ドイツのタイポグラファー・:である。看板屋の長男としてライれた。新しいタイポグラフィの創ナチスの弾圧を避けてスイスへ移

英数字也套用日文字體，文章看起來不美觀。

MS ゴシック＋Helvetica R

Jan Tschichold, (1902年4月2日-は、ドイツのタイポグラファー・:である。看板屋の長男としてライれた。新しいタイポグラフィの創ナチスの弾圧を避けてスイスへ移

與日文字體相比，英文字體偏小，導致基線（橘色的線）變得凹凸不平。

MS ゴシック＋Helvetica R

Jan Tschichold, (1902年4月2日-は、ドイツのタイポグラファー・カある。看板屋の長男としてライプた。新しいタイポグラフィの創生にスの弾圧を避けてスイスへ移住し

放大英文字體並調整基線，文章變得容易閱讀。

編排美觀英文文章的基礎

編排英文文章時，有幾項中、日文文章中不存在的原則。
為了讓製作更為確實，請徹底掌握本節介紹的原則。

☑ 長篇文章不可以只用大寫

若是希望讀者仔細閱讀的英文文章，請避免只使用大寫。大寫基本上請用在句首、標題、名稱等地方。如果連續多行的文章全部使用大寫，會不好閱讀。

包含大小寫的文章，才比較適合用來閱讀。

☑ 使用連字號

用英文編排文章時，若讓文字在文字框內自動流排，會使某些行列的字距變得參差不齊，而不容易閱讀。

要讓文章整齊好讀，請善用連字號。

> *memo*
>
> 英文排版中也有把單字切分音節，斷字換行的情況。

✗ 全部大寫

MULTIPLICITY OF MEANING IN
KENJI'S STORIES
ONE OF THE APPEALS OF KENJI'S STORIES IS
THAT THEY CAN BE READ ON A NUMBER OF

○ 大寫小寫混合

Multiplicity of Meaning in
Kenji's Stories
One of the appeals of Kenji's stories is that they can be
read on a number of different levels. The multiplicity of

✗ 沒有連字號

on a number of different levels. The multiplicity of meaning
found in his stories was added in the process of several
rewritings, which were not always simple partial
adjustments, but often changed the entire structure of the

○ 有連字號

on a number of different levels. The multiplicity of meaning
found in his stories was added in the process of several
rewritings, which were not always simple partial adjust-
ments, but often changed the entire structure of the story.

這點也記起來！　連字號與括弧的設計

直接輸入英文字體包含的連字號、破折號或括弧等符號，會如右圖般出現位置偏下、字距過擠的情況。如果是重要資訊的部分，建議逐一仔細修正。雖然是瑣碎的工作，但是這些調整累積下來，會讓設計變得格外美觀。

✗ 090-000 1890-2015　➜　**○** 090-000 1890-2015
調整連字號與破折號的位置及空隙。

✗ (WAKU)　➜　**○** (WAKU)
調整括弧的位置。

☑ 手寫體的用法

使用手寫體時，請不要全部使用大寫。手寫體原本就是從手寫字衍生而來的字體，全部大寫將無法產生接續的筆觸，看起來會很零散。

原則上，大寫只用在句首，其他部分則用小寫。

 ✘ 全部大寫 ⭕ 大小寫混合

> *MULTIPLIC-*
> *ITY OF*
> *MEANING IN*
> *KENJI'S STO-*
> *RIES*

> *Multiplicity of*
> *Meaning in*
> *Kenji's Stories*
>
> *One of the appeals*

☑ 符號的正確用法

符號中類似「'」（apostrophe，單引號）與「'」（prime，角分符號）這樣形狀相似的有很多，在年代、年號或電話號碼中使用這類符號時，請注意使用正確的文字。

郵遞區號或電話號碼，請使用「連字號」

✘ 080–0000–0000 ——— 破折號
⭕ 080-0000-0000 ——— 連字號

時間或區間使用「破折號」

✘ 1980-2015　⭕ 1980–2015
　　連字號　　　　破折號

☑ 使用連字（ligature）

連字是相鄰多個文字看起來疊在一起的文字，預先調好字距，把 2 個以上的文字結合成一個文字，例如：「fi」、「fl」、「ff」、「ffi」、「ffl」等都是。

製作英文文章時，請適時地運用「連字」。

省略使用「單引號」

✘ Kenji's　⭕ Kenji's
　角分符號　　　單引號

✘ 不適合使用連字　⭕ 適合使用連字

office fly　office fly
office fly　*office fly*

連字可直接用鍵盤輸入。此外，連字被視為單一文字，所以無法調整字距，這點請特別留意。

▶▶ **這點也記起來！** ◀◀ **各種連字**

英文字體中有許多支援連字的字體，在此介紹幾個支援連字的主要字體，請實際使用看看吧！

Caslon 3 LT Std	Adobe Garamond Pro Italic	Bodoni Condensed	Minion Pro	Nueva Std Condensed
fi fi ff fl	*fi ff fl*	fi ff fl	fi ff fl	fi ff fl

07

讓文章整齊排列是基本原則

本文的對齊方式

在設計中、日文文章時，讓文章呈矩形、以左上角為基準讓兩邊工整對齊是基本原則。
作法很簡單，而且光這麼做就足以讓版面煥然一新。

☑ 讓文字端對齊

本文的對齊方法大致可分為「靠右對齊」、「靠左對齊」、「置中對齊」、「齊行（末行靠左對齊）」這 4 種。

編排中、日文文章時，基本上是使用齊行（末行靠左對齊）。設定齊行可以讓整張版面呈現工整的矩形，給人井然有序的印象。

☑ 靠左對齊與齊行的差異

靠左對齊與齊行乍看很相似，但針對行尾的處理方式其實極不相同。

請看右圖。靠左對齊的文字框右側並沒有對齊，導致整個文字框看起來凹凸不整，無法呈現整合感。因此，除非是刻意營造的設計需求，否則請務必記得，要讓中、日文文章工整排列，是設計的基本原則。

✘ 靠左對齊

✘ 靠右對齊

✘ 置中對齊

○ 齊行

▶▶ **這點也記起來！** ◀◀ 禁則處理（避頭點）

禁則處理，指的是把不適合配置在行首、行尾的文字（會妨礙閱讀的文字）作迴避處理。具體來說，就是避免讓行首出現「。」、「、」、「…」、「，」、「？」等標點符號，以及行尾出現「（」等左括弧。多數軟體（Illustrator、InDesign、Word、PowerPoint）都有內建基本的禁則處理功能，建議善加利用。詳細作法請自行參考各軟體的操作說明。

✘

○

禁則處理功能失效的話，很可能會讓符號（句逗號、問號、括弧等等）落在行首。

Chapter

資 訊 圖 表

將資訊化為圖表與表格

將資訊化為圖表，不僅可透過視覺方式直接傳達訴求，讓資訊傳達更快更準確，更能使觀看者會心一笑。本章一開始會先介紹圖表的種類與作用，接著再說明將資訊化為圖表的詳細流程，以及製作魅力圖表的重點。

以圖表化的方式傳達資訊

01 何謂資訊圖表

設計時，將資訊圖表化非常有效。單用文章很難傳達的內容、數值比較、替資訊附加形象等各種目的，圖表都能夠派上用場。

☑ 資訊圖表的效果

將資訊或數據以視覺方式表現，轉換為圖表來表示，就稱為「資訊圖表（Infographics）」。這個名稱，是由 Information（資訊）和 Graphics（圖像）組合而成。

光看文章很難理解的內容、複雜的數據等資訊，只用文字很難確實傳達給讀者。此時若將原有資訊加工成圖表，可直接訴諸讀者的視覺，讓資訊準確地傳達出去。

☑ 各種資訊圖表

資訊圖表，廣泛存在於我們的生活周遭，光是主要常見的就有以下這麼多種：

▶ 地圖

▶ 圖表

▶ 表格

▶ 統計圖表

▶ 象形圖

▶ 路線圖

▶ 標識

▶ 漫畫表現　等等

雖然這些資訊圖表的主要作用是「傳達資訊給讀者」，但在設計時，若能加入更豐富的視覺要素，會更能引發讀者興趣。

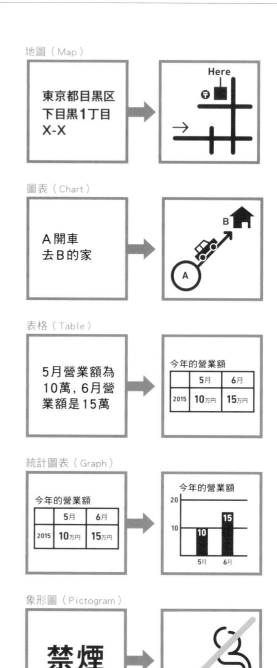

地圖（Map）

圖表（Chart）

表格（Table）

統計圖表（Graph）

象形圖（Pictogram）

世界上有許多精彩的資訊圖表,不妨藉此機會多看多學習,其中蘊藏了許多製作者
彙整與處理資料數據的創意。

☑ 資訊圖表可跨越語言隔閡

資訊圖表的優點之一,就是「可跨越語言障礙,將資訊傳遞出去」。就算不擅長外語,
只要透過資訊圖表,也能夠把版面內容傳達給外國的讀者。

因此,在學習資訊圖表時,請別侷限在台灣當地,也要多多觀摩世界各地的資訊圖表。
不同國家與時期的流行千變萬化,其中包含許多極具特色的表現手法,非常有意思。

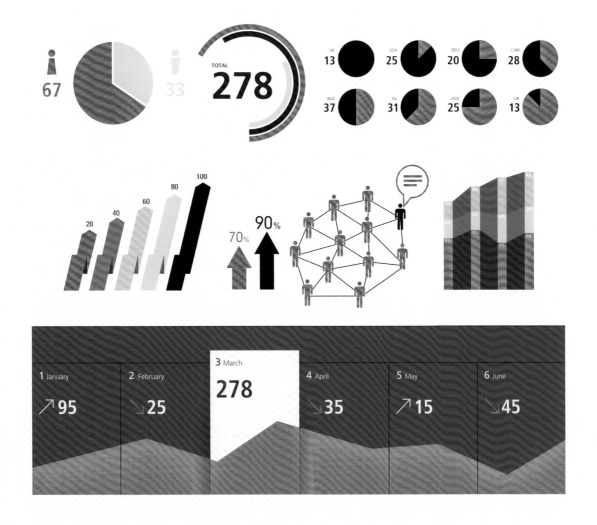

必要資訊的取捨

地圖的作法

地圖可以說是最常見的資訊圖表，而地圖的設計會大大影響地圖的易讀性。
為了能順利抵達目的地，一起來製作簡單易懂的地圖吧！

☑ 地圖非常重要

必須將所在地或目的地等資訊傳達給讀者時，
地圖是不可或缺的要素。不只是地址，幾乎所
有人都有檢索地圖的需求。

舉凡活動告知廣告、店家傳單等宣傳品，都會
需要刊登地圖。雖然現在用 Google Map 很快
就能從地址查出地圖，但對稍微了解當地環境
的人而言，有張設計過的地圖會更加方便。

☑ 地圖製作的要點

地圖的作用，是**協助使用者順利抵達目的地**。
也就是說，有別於一般常見的地圖，各位在製
作地圖時，除了到達目的地必須的資訊外，應
該一概省略。地圖製作的要點如下所示：

❶ 不破壞道路粗細等相對關係
❷ 避免過多的資訊
❸ 突顯目的地
❹ 路線的表現方式與其他要素有所區別
❺ 用最短路線來表現
❻ 須標示十字路口名稱、路名、轉彎標的物
❼ 加入指引方向的「往○○」等註記
❽ 用中文標示路名、標的物

反覆閱讀後，會發現這些要點其實都很單純，
因此實際製作地圖時，請確實地將上述要點反
映在設計上。

用地圖表現地址，可透過視覺化的方式傳遞資訊。

✗ 毫無重點的地圖

○ 確實呈現重點的地圖

製作地圖時，請確實反映重點的內容。表現出路線與道路
的粗細差異、明確標示出目的地，以提升指引功能。

原宿 ▶
◀ 外苑前 ▶

みずほ銀行 ●
表参道駅

青山通り

A4出口

A5出口

B3出口

● COMME des GARCONS

● スパイラル

● モンクレー

プラダ青山店 ●

◀ 渋谷

南青山5丁目交差点

ヨックモック ●

● 港区立南青山小学校

● カーザベラ

根津美術館前交差点

ファミリーマート ● ● ローソン

From 1st

here

● ミニストップ

青山学院大学

美術館通り

● ファイン青山

● BLUE NOTE TOKYO

西麻布 ▶

TTS南青山ビル

南青山6丁目交差点 ● 青山べんとう

刪除多餘資訊讓目的地變明確,並使大馬路與小巷弄的線條差別化。另外,安排作為標的的「交通號誌」、「十字路口」、「建築物」等要素時,請確保得以確實導引至目的地。

✕ **過於繁瑣的地圖**

連小細節都放進來,資訊過多,讓找出目的地這件事變得困難。請斬釘截鐵地把非標的物及細小道路都刪除吧!

✕ **過於省略的地圖**

刪掉太多的標的物、轉角與道路,無法判斷到目的地的距離與位置,如何取捨編排要素是項重要的課題。

✕ **道路寬度都一樣的地圖**

地圖的道路寬度也可作為指引依據。哪條路是通往目的地的必經之路、哪些不是,都必須明確標示出來。

將步驟與流程圖表化

圖表的作法

用文章呈現過於冗長的內容時，巧妙運用圖表，可使其精簡化。
圖表堪稱是最基本的資訊圖表。

☑ 圖表的作用

圖表是「以點、線、面構成的圖」。圖表的作用，是把單靠文章很難傳遞的內容，以圖表化的形式提升傳達力。

將資訊製成圖表，不僅能有效整理，而且很容易與其他要素共存，適合各種用途。

☑ 製作圖表的流程

製作圖表時，並非一開始就畫起結構圖。須遵循流程，逐一完成製作。

另外，自覺「不擅長畫畫所以做不來」的人也請放心。製作圖表時，確實理解資訊與數據的內容比繪畫能力更為重要。請先逐一確認右圖的 4 個步驟。

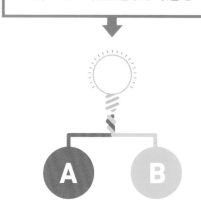

將 A 和 B 繫結起來即可通電

圖表製作的流程

❶ 確實理解資訊與數據（資訊的掌握）
❷ 理出欲傳達的內容（關鍵字的整理）
❸ 配置所有人都能理解的要素（結構的規劃）
❹ 用易懂、讓人印象深刻的圖來表現（視覺化）

Let's TRY

例題 以有效傳達資訊為目標，將以下的文章製作成圖表。

> 春季雙重贈禮好康活動！活動期間為 4 月 15 日～5 月 7 日。
> 凡購買刊登之商品超過 5000 元者，就有機會抽中旅遊住宿券（5 組共 10 名）！
> 加碼再抽 2000 元額度 WAKUWAKU 禮物卡共 500 名！

Point 1 思考怎麼做才能激起讀者興趣
Point 2 思考怎麼做才能傳達欲告知的資訊
Point 3 閱讀上述文章，思考哪些條件較難傳達

❶ 資訊的掌握、❷ 關鍵字的整理

開始來製作上頁「練習題」的圖表。首先，請仔細閱讀文章、理解內容，確定欲傳達的資訊。接著再挑出必要的關鍵字，用圖形框起來，加以整理。確定關鍵字的意義與優先順序後，就能進一步思考圖表結構。

挑出關鍵字

作為重點的「禮物資訊」有 2 項。

① 以抽獎方式送出住宿券共 5 組 10 名。

② 以抽獎方式送出 2000 元額度的禮物卡共 500 名。

那麼，就以這 2 項重點來思考設計圖吧！

❸ 結構的規劃

一邊思考內容的關聯性，一邊用箭頭或線條串聯關鍵字，將目標流程視覺化。此步驟的重點是避免過於複雜的結構。

把流程視覺化

春季雙重贈禮好康活動！
活動期間：4 月 15 日～5 月 7 日

購買商品超過 5000 元者 ── 雙重機會 ──
- **抽中旅遊住宿券** 名額共 5 組 10 名！
- **WAKUWAKU 禮物卡** 2000 元額度共 500 名！

規劃結構時，必須思考如何做才能引起讀者興趣、是否確實呈現內容。別著急，審慎地發想吧！

❹ 視覺化

以規劃好的結構為基礎添加設計要素，完成具魅力且易懂的圖表。變更圖形形狀或箭頭顏色等細節，替圖表增添層次變化。須強調的內容請加以突顯。

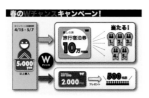

須注意若圖形要素或顏色過多，視覺畫面會變得複雜，導致難以判別主要資訊。

深植人心的圖表有規則可循

圖表的基本樣式與要素

「圖表」這個詞有非常廣泛的含義,無中生有聽起來好像很難。
但是綜觀來看,會發現圖表中存有多種基本樣式。

☑ 無從下手時的基本樣式依據

圖表有許多種基本樣式。建議新手先從中挑出符合需求的結構,以此著手發想創意。根據基本樣式完成的圖表,不僅具傳達資訊的效果,也可應用在其他表現上。

memo

這裡介紹的基本樣式的具體範例請參考下一節。實際確認各種基本樣式的運用方式,可對圖表有更深層的認知。

「連結」要素的基本樣式

序列
從起始到結束照順序排列
例:操作手冊/步驟圖/時間軸/年表

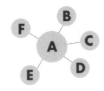

放射狀
從中心往外擴展,或是從外側往內集中
例:相關圖

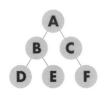

樹狀層級
從單一資料往下分支出多個資料層級,以階層加以分類
例:組織圖/祖譜/網站地圖/年表

環狀
循環的結構
例:資源回收/食物鏈

「涵蓋」要素的基本樣式

巢狀圖
各分類依大小相互包含
例:公司組織/案例圖

重複
說明資訊重複的部分
例:色彩混合/天氣圖

「分配」要素的基本樣式

矩陣圖
將多項資訊以類似表格的形式表現,以釐清問題
例:分布圖

比較、分割
將多項資訊製成表格,用來相互比較
例:商品比較圖/比賽積分表/時程表

☑ 主要的設計要素

與前頁的基本樣式一樣，圖表使用的設計要素也可分成幾個類別。
以下介紹幾種製作圖表時經常用到的主要設計要素。

線條要素

以線條為主，可用來連結、框住或強調要素。有直線、
波浪線、雙線等多種樣式，請靈活運用。

箭頭要素

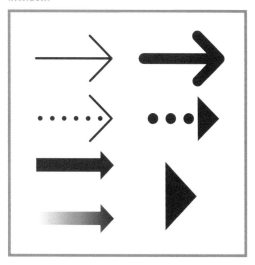

以箭頭為主，可用來標示方向。藉由粗細或大小來表現
關聯程度。

圖示要素

以圖示或象形圖等插圖要素為主，表現上具有說服力，
傳達力相對較高。

圖形框要素

有四邊形、圓形、三角形、橢圓形、五角形、六角形、
星形、對話框等多種圖形要素。

以基本樣式為原型的製作範例

05 各種圖表設計

這裡要介紹上節解說之基本樣式與設計要素的圖表設計範例。
請注意這些圖表如何提升資訊傳達力。

☑ 將百分比視覺化

將百分比或數量用簡單的圖示或插圖來表現，會比只用數字表示時更能看出差異，數值的不同一目了然。

此外，由於能以直覺的方式傳達資訊，因此更容易讓人留下印象。

不只如此，簡單的插圖或圖示還具有避免讀者感到厭倦的效果。

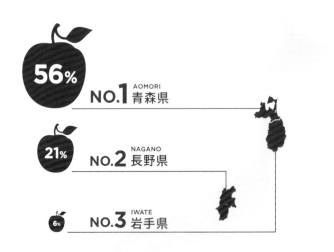

56% NO.1 AOMORI 青森縣

21% NO.2 NAGANO 長野縣

6% NO.3 IWATE 岩手縣

將百分比或數量單純排成數字，有時會無法順利傳達資訊。若比照上圖用簡單的圖示或插圖來表現，就能讓數據差異一目了然。

☑ 用插圖增添吸引力

在圖表中使用插圖，可讓生硬的說明文產生開朗、親切的感覺，同時還可將文字難以傳達的資訊變得簡單易懂、更具傳達效果。

「比較、分割」類型

3日前　2日前　1日前

當天出貨
接單日當天出貨
接單日　出貨　到貨

1日出貨
接單日隔天出貨
接單日　出貨　到貨

2日出貨
接單日後2日出貨
接單日　出貨　到貨

只用文字描述「當天出貨」的話，應該不少人會誤以為當天就能到貨。但是，透過圖表可以確認商品是隔天才到貨。

☑ 確定流程 ❶

欲傳達的資訊具順序或流程時，使用箭頭這類「指示方向的圖示」，就能用更視覺化的方式來確認過程。

明確地呈現步驟順序，亦可帶給讀者安心感。

「序列」類型

把箭頭圖示化，可明確傳達資訊的流程。如上圖般做換色處理，看起來更簡單易懂。

☑ 確定流程 ❷

使用說明書經常用簡單的插圖來表現步驟過程。利用插圖的話，不分年齡或語言，皆可正確地傳達資訊，也可進一步搭配使用簡易的 ICON 圖示。

「序列」類型

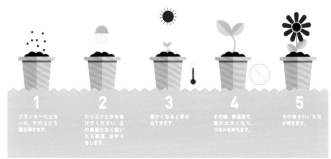

光用文字很難正確傳遞栽植步驟與季節狀態。本例組合簡單的插圖，不須閱讀文字也可獲得必要資訊。

☑ 強調關聯性

單憑字詞難以表現的要素，可用圖表強調其關聯性。

右圖中用圓形圖表來表現「服務」這項共通要素，並用線條連接起來，表示 3 種服務的同等重要性，以及相互的關聯性。

「環狀」類型

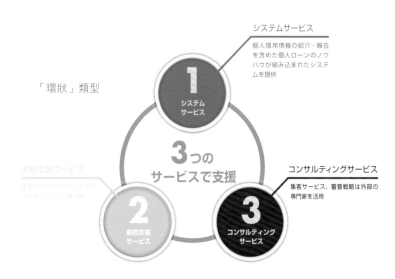

上圖將 3 個主要服務視覺化成圖表。利用 3 個寫有服務內容的圓，強調 3 者的關聯性。

將資訊分類的基本技巧

06 表格的作法

表格與圖表一樣,都是資訊圖表中最基本的表現方法之一。
表格適合用來整理雙軸構成的資訊,以下分別說明。

☑ 表格的作用

利用表格,**可將資料數據加以分類、整理**,例如:用相同層級表現並列關係的資料,或是用雙軸構成資料,非常好用。

表格有應用範圍廣泛的表現方法,光是生活周遭就可見比較表、商品一覽表、年表、行程表等各種活用範例。

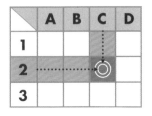

	A	B	C	D
1				
2			◎	
3				

在行與列的交會處配置資料數據。

時	平日			
2	2	2	2	2
3	③	③	③	③
4	4	4	4	4

只用「列」或「行」的電車時刻表。

☑ 設計表格的要點

製作表格時,請小心避免淪於「充滿框線的表格」。當框線太多,表格會顯得亂七八糟、不好閱讀(請參照下頁的圖)。

還有,為了讓資料簡單易懂,除了框線外,也必須在字體、字級、配色上多下工夫。

請看右邊的比較圖。左邊的框線較多,給人雜亂感;右邊減少框線,並用色塊區隔項目,看起來清爽許多。下頁也安排了多個參考例,請實際確認看看。

另外,前面也提過,光是好看的設計毫無意義,提升易讀性與可讀性才是最重要的。

	1	2	TOTAL
A	A-1	A-2	100
B	B-1	B-2	100
C	C-1	C-2	100

	1	2	TOTAL
A	A-1	A-2	100
B	B-1	B-2	100
C	C-1	C-2	100

減少框線,巧妙地用色塊取代,讓整體印象變清爽。若變更色塊還可控制視覺動線,例如上圖的視線會自然往橫向移動。

表格設計的要點

> **Point 1** 確定欲傳達的資訊
>
> **Point 2** 選擇符合資訊形式的表格樣式
>
> **Point 3** 避免添加過多框線
>
> **Point 4** 使用易讀的字體與字級
>
> **Point 5** 隔行分色,在配色上多下工夫

☑ 用框線決定表格形象

表格雖然只是用行與列構成的簡單圖表，但是透過框線設計與配色，可一口氣拓展視覺表現。

舉例來說，想讓人意識到橫向排列時，可嘗試「橫線加粗」或「隔行分色」等表現。其他還有「消除垂直框線」、「直線變細」等，藉由削減垂直方向的存在感，也可表現橫向排列的資料。請參考下圖，確認框線如何影響視覺觀感。

線條表現給人的觀感差異

文字與線條的粗細相近

商品名	價格	顏色	數量
A商品	123	red	100
B商品	234	blue	100
C商品	345	black	100
D商品	456	white	100

與文字粗細不同的雙線

商品名	價格	顏色	數量
A商品	123	red	100
B商品	234	blue	100
C商品	345	black	100
D商品	456	white	100

線條有粗細之分

商品名	價格	顏色	數量
A商品	123	red	100
B商品	234	blue	100
C商品	345	black	100
D商品	456	white	100

消除直線

商品名	價格	顏色	數量
A商品	123	red	100
B商品	234	blue	100
C商品	345	black	100
D商品	456	white	100

消除橫線

商品名	價格	顏色	數量
A商品	123	red	100
B商品	234	blue	100
C商品	345	black	100
D商品	456	white	100

消除所有線條

商品名	價格	顏色	數量
A商品	123	red	100
B商品	234	blue	100
C商品	345	black	100
D商品	456	white	100

消除直線

商品名	價格	顏色	數量
A商品	123	red	100
B商品	234	blue	100
C商品	345	black	100
D商品	456	white	100

消除橫線

商品名	價格	顏色	數量
A商品	123	red	100
B商品	234	blue	100
C商品	345	black	100
D商品	456	white	100

部分線條使用點線

商品名	價格	顏色	數量
A商品	123	red	100
B商品	234	blue	100
C商品	345	black	100
D商品	456	white	100

局部使用線條

商品名	價格	顏色	數量
A商品	123	red	100
B商品	234	blue	100
C商品	345	black	100
D商品	456	white	100

用色塊表現範圍，並用線條區隔

商品名	價格	顏色	數量
A商品	123	red	100
B商品	234	blue	100
C商品	345	black	100
D商品	456	white	100

只用色塊表現範圍

商品名	價格	顏色	數量
A商品	123	red	100
B商品	234	blue	100
C商品	345	black	100
D商品	456	white	100

相同數據與樣式的表格，只要改變框線的設計，給讀者的印象就會大幅改變。

各種表格設計

線條粗細、配色、圖示都是表格設計的一環。
本節將介紹幾個基本的表格設計範例，藉此確認各種設計的表現可能性。

☑ 經典表格設計 ❶

使用無彩色或同色系，可給人信賴感、安定感，適用於資料具可信度的表格設計。

減少框線、使用細線是表格設計的秘訣。另外，標題列設定低明度差的漸層，可讓設計更有韻味；標題列與表格內的顏色對比提高、表格內的配色對比降低，則可給人現代感。

	東京	大阪	福岡
2010	1203	3987	7652
2011	2371	3427	2547
2012	876	1430	2319
2013	12871	12361	9641
2014	1280	12375	2765

整體以無彩色整合、使用細框線，給人信賴感與穩定感。

☑ 經典表格設計 ❷

整體使用無彩色，只有**標題列使用色調鮮豔的顏色**，視覺上得以突顯，也變成版面的焦點。

標題列的顏色，從版面用色中挑選，可讓整張版面呈現協調感。

	東京	大阪	福岡
2010 ▸	1203	3987	7652
2011 ▸	2371	3427	2547
2012 ▸	876	1430	2319
2013 ▸	12871	12361	9641
2014 ▸	1280	12375	2765

標題列使用鮮豔的色彩加以強調，增加表格的存在感。

☑ 試試大眾流行風格

將項目名稱設計成對話框的樣式，削弱侷限感，給人清爽、歡樂的感覺。不適合表現信賴感與安心感，但適合用來營造輕鬆的版面。

	東京	大阪	福岡
2010	1203	3987	7652
2011	2371	3427	2547
2012	876	1430	2319
2013	12871	12361	9641
2014	1280	12375	2765

變更項目名稱的設計，可在維持表格作用的同時，大幅改變視覺風貌。

☑ 省略標題列以精簡化

省略標題列以營造清爽感。右圖的項目只有 5 行，即使少了標題列，仍可以正確辨識資訊。

不過，當表格行數多，標題列就有必要性，基本上還是請附加標題列。

	東京	大阪	福岡
2011	**1203**	**3987**	**7652**
2012	2371	3427	2547
2013	**876**	**1430**	**2319**
2014	12871	12361	9641
2015	**1280**	**12375**	**2765**

將標題列的設計精簡化，使表格變得格外清爽。

☑ 強調橫向排列

省略垂直框線、隔行換色，可強調橫向排列。 此時為了不破壞各列的關聯性，讓行高窄一點是重點。

	東京	大阪	福岡
2011	1203	3987	7652
2012	2371	3427	2547
2013	876	1430	2319
2014	12871	12361	9641
2015	1280	12375	2765

隔行變色，藉此強調橫向的排列。以上圖為例，各年度的數字變得更容易比較。

☑ 強調直向排列

隔列換色，可將視線導引至垂直方向。右圖中的「東京」、「大阪」、「福岡」等項目的設計有別，更進一步強調直向的排列。

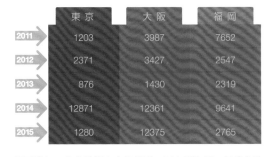

	東京	大阪	福岡
2011	1203	3987	7652
2012	2371	3427	2547
2013	876	1430	2319
2014	12871	12361	9641
2015	1280	12375	2765

隔列變色，藉此強調直向的排列。以上圖為例，各都市的數字變得更容易比較。

這點也記起來！　設計表格的基本原則也是「對齊」

「設計的基本原則是對齊」這句話，本書已提過許多遍，這個原則在設計表格時也通用。

設計表格時，表格內的所有部分，都要視資料數據內容加以對齊。

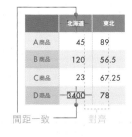

	北海道	東北
A商品	45	89
B商品	120	56.5
C商品	23	67.25
D商品	3400	78

間距一致　　對齊

表格的數值基本上是靠右對齊（小數點），但若小數點以後的位數不同時，請對齊小數點，會比較好讀。

直觀且訴求力高的插圖

統計圖表的作法

統計圖表，是所有資訊圖表中訴求力最高的插圖。
想要表現統計資料的數量、趨勢、比例、增減時非常實用。

☑ 統計圖表的種類

統計圖表，**是將數據趨勢視覺化，以直覺方式理解數值與數量變化的圖表**。統計圖表有很多種類，各自有擅長的數據形式。因此，製作統計圖表時，請根據統計資料的內容與目的，或是欲傳達的資訊種類等等，去決定使用的統計圖表類型。

若選擇不符合數據形式的統計圖表，小心不僅無法達到目的，還可能讓讀者誤解。

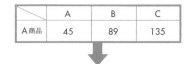

	A	B	C
A商品	45	89	135

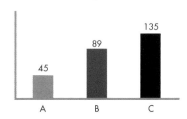

把數據趨勢視覺化，可快速理解內容。

▶ 主要的統計圖表種類

直條圖

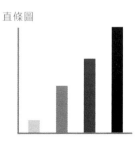

圓餅圖

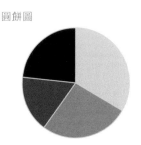

橫條圖

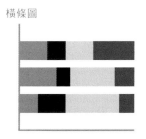

折線圖

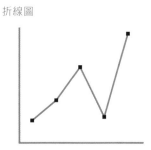

雷達圖

▶ 直條圖

直條圖是用長條高低表現數據的統計圖表。適合用來比較 2 個以上的數據資料。

直條圖大致上可分為「直條圖」與「堆疊直條圖」這兩種。縱軸安排比較用的數據,橫軸則安排比較項目(國家、商品、年度、時間等),若設定的是年度或時間,趨勢會更明確。

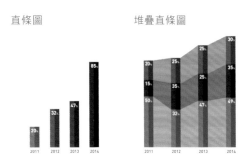

直條圖　　　　　　　堆疊直條圖

▱ 直條圖的設計要點

直條圖的排列方式沒有標準答案,一般來説,想要比較數據大小時,依數值多寡順序排列,會更容易比較。

另外,若是縣市相關數據,請由北到南安排縣市名稱,年月這類的時間軸則照時間排序。讓排列順序帶有意義,圖表會更具傳達效果。

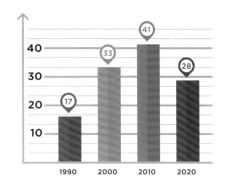

數據並排時,須讓排列順序也具有意義。上圖是利用「年代順序」來排列。

各種直條圖

在此介紹幾個有特色的直條圖設計。請以這些為基礎,製作符合目的的直條圖。

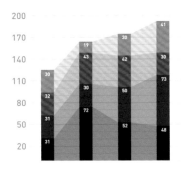

堆疊直條圖的設計例。此設計的重點在於配色。數據項目多時,各自使用色相不同的顏色,會無法給人統一感。用同色系整合,較容易產生協調感。

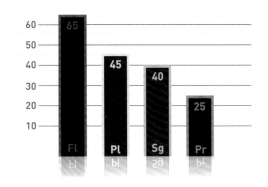

軟體使用趨勢的直條圖表現例。長條設計採用各軟體的代表 ICON 圖示,更容易辨識。另外,充滿玩心的感覺,給人歡樂的印象。

▶ 圓餅圖

圓餅圖，是把一個圓形分割成多個扇形，藉此表現數據比例的統計圖表。適合用來表現比例的數據資料。

數據排列，基本上是從時鐘 12 點的位置開始轉動，並且從占比最大者依序排列。過於瑣碎的數字，多半會在最後以「其他」來整合。

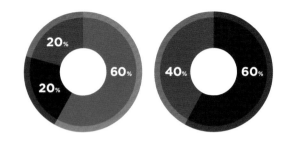

☑ 圓餅圖的設計要點

圓餅圖的設計重點是配色。相鄰的色彩，會因配色而變得難以辨識，或是清晰分明。

另外，圓餅圖大多會把數據放在圖表內，倘若空間太小，利用「指引線」配置在圖表外側的作法也很常見。此時請盡可能讓框線的角度、文字的位置、數字的間隔都整齊一致。

還有，圓餅圖中有欲強調的項目時，可把該項單獨做立體處理，或是從圓餅中切離配置。

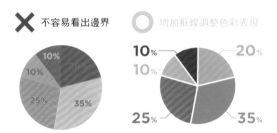

✖ 不容易看出邊界　　○ 增加框線調整色彩表現

左圖的相鄰色差異小，邊界不清楚；右圖統一整體色調、賦予色相差距、加入白色分隔線，資訊容易辨識。另外，統計圖表若和上圖一樣小，或沒有空間安排數字時，使用指引線也是不錯的做法喔！

各式圓餅圖

在此介紹幾個有特色的圓餅圖設計。請以這些為基礎，製作符合目的的圓餅圖。

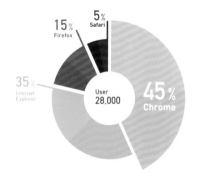

本例把欲強調的部分從圓形中抽離出來。雖然破壞了圓形的形狀，但是視覺上饒富有趣，提高讀者興致的效果可期。

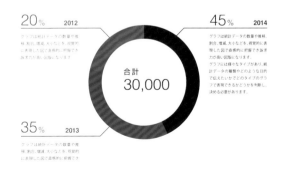

圓形中央配置了大而明顯的合計數字，個別的數據與補充說明則配置在統計圖表外。這樣的設計在視覺上更容易確認各資訊的關聯性。

▶ 橫條圖

橫條圖,是並排長度一致的橫條,並在其中表示各項目比例的統計圖表。適合用來比較比例或是相互關係。

表現構成比例這點雖然與圓餅圖相同,但是橫條圖是將數據以橫條並排,故可表示各年度的趨勢是其特徵。

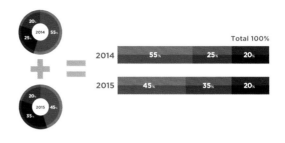

橫條圖的設計要點

橫條圖的設計重點是**所有橫條長度相同。此外,讓同項目的顏色一致也很重要。**

橫條圖因為所有橫條長度都一樣,所以整體形狀難免單調。因此,必須在細節上多下點巧思,例如靈活運用同色系來取得設計協調,或是在欲強調的部分使用不同色調的顏色來做出差別等等。運用漸層色或紋理也很有趣。

替表格套用同色系的配色,可營造協調感。設計時為了讓表格界線更明顯,可提高相鄰欄位的色彩對比,或是加上分隔線。

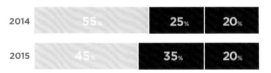

有欲強調的部份時,使用不同色調的色彩效果很好。

各式橫條圖

在此介紹幾個有特色的橫條圖設計。請以這些為基礎,製作符合目的的橫條圖。

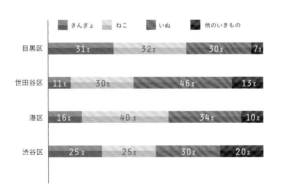

容易顯得單調的橫條圖,花心思處理橫條的粗細、顏色或配色,可讓圖表變得更豐富有趣。上圖將橫條變細,並賦予淡淡的紋理。

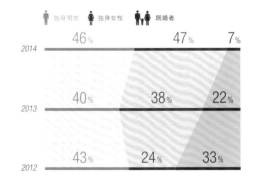

各年度的相同項目緊連在一起,讓數據趨勢變明確。橫條變細、色塊變淡,給人清爽感。數字放大強調也是重點。

▶ 折線圖

折線圖是用線段連接數值點的統計圖表，適合用來表示數量的增減趨勢。可讓年度銷量、過去 10 年的價格變化等數值趨勢顯而易見。其中又以縱軸數據、橫軸時間的模式最常見。

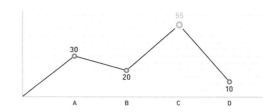

☑ 折線圖的設計要點

折線圖的設計重點，是仔細思考線段的表現。多個數據用一個折線圖來表現時，如果線段重疊，會變得不好辨識。務必在線段的粗細及顏色多下點工夫，使其有明顯區隔，靈活運用實線或虛線也很有效果。另外，除了線段的處理外，也可改用色塊表現折線趨勢，使其看起來像是堆疊圖。

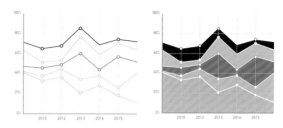

左：想要表現溫度或成績時，很適合使用折線圖。
右：想比較數量的變化時，也可將折線圖改用色塊來表現。

▶ 雷達圖

雷達圖是將多個數據配置在從中心往外呈放射狀延伸的軸上，並用線段連起來的統計圖表。適合用來表示整體的均衡性與數據傾向，例如可用來表現成績或生活習慣的傾向。

✕ 圓點過大　　　◯ 調整圓點大小

左圖的「數值點」過大，較難辨識各點的目標指向。

☑ 雷達圖的設計要點

雷達圖一般來看，會覺得放在愈外圈的愈「好」。因此，用雷達圖表現成績時，請把外側設為「100 分」，中心則是「0 分」。

設計製作時的重點是「數值點」，以及連結這些點的「線段」。由於「數值點」通常不大，若使用過於精緻的圖示，會使數值的位置難以辨識，請多留意。另外，比較對象偏多時，請靈活使用實線和虛線，確實做出差別化。

使用淺色，色塊重疊時不會產生沉重感，也無損視認性。
想要以視覺化的方式表現數量比例時很適合。

Chapter

實例演練

將想法具體化的設計實戰技巧

本章將組合運用前面幾章解說過的基本法則，解析設計完整
版面的方法。設計方向，會因製作物的用途與目的而迥異，
因此本章示範的多種設計風格，皆會提供「Before」、
「After」的具體實例，讓你一邊比較一邊參考解說。

清爽易讀的設計

製作新聞稿、簡報資料這類以正確傳達資訊為目的之版面時，
清爽易讀的設計效果較好。

範例 │ A4 尺寸／新聞稿

BEFORE

➧ 文字難閱讀

➧ 對齊基準不明確

➧ 整體呈現拘束感

要讓人仔細閱讀的本文，請避免使用「粗字體」或「裝飾體」（display）。另外也須注意字級，過小、過大都會不好閱讀。

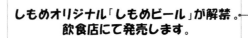

放大字級雖然可以突顯要素，但如本例這樣大到沒有邊界空隙的編排，會給讀者狹隘又拘束的感覺。

重要度低於本文的文章，沒有必要如本例般佔據過大空間。請依據內容資訊的優先順序，施予適當的強弱層級。另外，置中對齊的對齊基準並不明確，請盡量避免使用。

這裡 NG!

☑ 為了突顯標題文字而加粗、放大配置，這些都是導致難以閱讀的原因。版面增添強弱雖然重要，但是也須顧及視覺平衡。同樣的，本文使用的字體與字級不當，也會變得非常不好閱讀。

☑ 版面中的各個要素，「對齊基準」皆不明確，整體給人拘束的感覺。

AFTER

➤ 利用線條凝聚整體要素
➤ 用 Eye-Catcher 抓住目光
➤ 花心思處理字體與文字編排，讓文章容易閱讀

Drink news   2015年7月5日発信

解禁。

しもめオリジナル「しもめビール」が解禁。
飲食店にて発売します。

2013年7月10日にしもめオリジナルビールである『しもめ
ビール』が新発売されます。しもめビール、商店街や業種垣
根を越えてしもめを盛り上げていくイベントを発案・実行し
ていく、有志による総合プロジェクト『しもめ・ワクワク・プ
ロジェクト』が中心となって企画・開発しました。
「しもめで乾杯」という合言葉もと、ご乾杯によりしもめで
人繋がり、和やかな時間を演出して、しもめを盛り上げてい
くことがしもめビール目的です。
味特徴は、軽やか香り、フルーティーな口当たり後にはじけ
るホップ爽やか苦みで、食欲を刺激する味わいに仕上が
りました。ビールとして個性を保ちながら、幅広い料理とも
相性が良いが特徴です。
しもめを想起させるラベルデザイン他、アートディレクショ

ンを担当した建築家/デザイナーはじける坂本氏。首掛けタ
グ七夕にちなんで短冊をイメージしました。
現時点で取り扱い店舗、しもめ界隈次13店飲食店となりま
す。取扱店舗まだ増える予定です。

お問い合わせ先
シモメ・ワクワク・プロジェクト (事務局)
東京めぐろビール屋さん　電話00-1234-567
メール　○○○○○@○○○○.com
担当：坂本 (さかもと)

右側註解（由上至下）：

只在版面上下加入線條，就讓版面呈現凝聚效果。

展示用商品圖及閱讀用文章有明顯的區隔，不僅視覺清爽，版面也產生對比，看起來更美觀。

將閱讀用文章使用易讀性佳的細字體，並將較長的段落編排成 2 欄，藉此提高可讀性。

將重要性低的文章縮小配置。靠左對齊的基準明確，兼具易讀性與美觀。

其他範例

這裡修正

☑ 著重在標題中的「解禁」這點，將它設計成 Eye-Catcher。是替版面增添強弱的一種有效方法。

☑ 將標題的文字顏色，變更為與商品圖協調的顏色。

☑ 為了凝聚版面，在上面與下面加入線條。

☑ 變更本文的字體、字級與欄位數量，藉此提升易讀性。

☑ 右例沒有使用 Eye-Catcher。只要在標題周圍設定適當的留白，即使沒有 Eye-Catcher，也可讓版面魅力十足。

基本設定：邊界：15mm／**使用字體**：日文：ヒラギノ　英文：DIN
相關技巧：對齊 ▶ P.34／對比 ▶ P.40／躍動率 ▶ P.42／閱讀用的文字 ▶ P.122／吸睛用的文字 ▶ P.122／字體家族 ▶ P.113

間距整齊一致 ——　　　　　　　　　　　　　　　　　　　　　　　—— 間距整齊一致

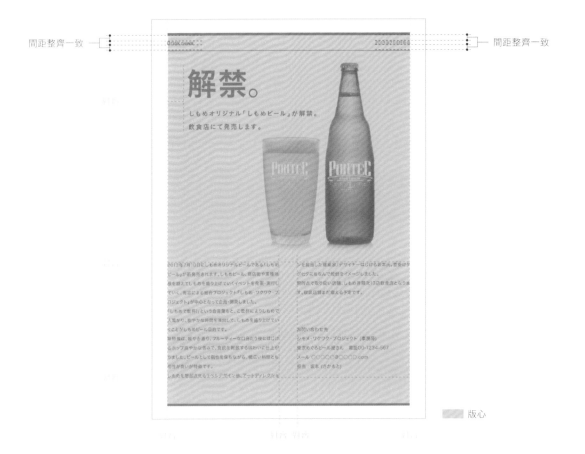

版心

┤ CHECK ├

活用留白增添強弱

想強調主題或標題時，不只是將文字放大，還必須思考與周圍的關聯性。

舉例來說，文字周圍若沒有足夠留白，即使文字再大，也會因拘束感而無法突顯。

相反地，若有足夠的留白，即使文字不大，也可成為夠醒目的主題或標題。

「醒目」與否，取決於與周圍的相對關係。
請務必記住這點。

✕ 沒有留白　　　　　○ 有留白

左：欲強調的部分周圍沒有足夠留白，不管文字再大都無法突顯。
右：欲強調的部分周圍有足夠留白，即使文字不大也可能被強調出來。

設計重點

Point 1　挑選字體

製作清爽易讀的版面時，請避免適用裝飾字體這類特色鮮明、閱讀性低的字體。

要營造清爽感，建議使用字體家族。使用字體家族，只要讓版面角色（主題、標題、本文等等）的文字粗細或大小有所變化，即可保持整體的統一感，同時營造出明顯的強弱層次。

✕ しもめオリジナル

○ 字體家族／リュウミン
U-KL
しもめオリジナル
H-KL
しもめオリジナル
R-KL
しもめオリジナル

字體家族／こぶりなゴシク
W6
しもめオリジナル
W3
しもめオリジナル
W1
しもめオリジナル

Point 2　文章易讀性

本文這類「閱讀用的文章」，請設定細字體，使用粗字體會很難閱讀。字級過大或過小，也會破壞可讀性。請依據版面尺寸與用途設定適當的字級。

此外，也請一併考量行寬（一行的文字數量）。A4 尺寸的版面，若將文章編排成單欄，行寬會太長，不好閱讀。建議編排成 2 或 3 欄。

✕ 可讀性低
2013年7月7日にしもめオリジナルビールである『しもめビール』が新発売されます。しもめビールは、商店街や業種の垣根を越えてしもめの未来を盛り上げていくイベン

○ 可讀性高
2013年7月7日にしもめオリジナルビールである『しもめビール』が新発売されます。しもめビールは、商店街や業種の垣根を越えてしもめの未来を盛り上げていくイベントを発案・実行していく、有志による総合プ

Point 3　對比

明確地區隔出吸睛用的部分（照片或主題）與閱讀用的部分（本文或聯絡用資訊），替版面增添對比，可讓版面變清爽，提升設計魅力。

吸睛用的部分、閱讀用的部分施予對比，增添強弱層次的範例。此編排方法可廣泛運用在各種地方。

02 誠實且具信賴感的設計

設計實務中,除了引人注目的搶眼設計外,
誠實且具信賴感的設計需求也很常見。

範例 │ A4 尺寸／企劃書封面

BEFORE

➡ 照片大小凌亂不整
➡ 英數字都套用日文字體
➡ 混用置中對齊與靠右對齊

同一個版面混用置中對齊與靠右對齊,不好閱讀。

照片大小參差不齊,配置位置也缺乏規則性,讓人
無法理解設計意圖。

2015ロンドン・東京映画週間
IN TOKYO

2015.6.8~19

2014 年12月2日
企画·運営
日英友好映画実行委員会

標題文字包含日、英文,卻將英文直接套用日文字體
且不做任何調整,使字距顯得不整齊。

數字套用日文字體,看起來不美觀。另外,將日期
的外圍圓框隨意變形,形狀都壓扁了。

這裡
NG!

☑ 主題文字置中對齊,其他要素的空間相對減少。結果,既無法確保足夠的空間來配置 4 張照片,
　也讓整體設計變成「填補空間」這類毫無意義的編排。

☑ 照片的尺寸不一致,加上配置位置也沒對齊,使照片之間的關聯性薄弱。

☑ 標題等醒目文字中包含日、英文,本例卻全都套用日文字體,看起來一點也不美觀。

AFTER

➡ 照片大小一致，並變更為具故事性的配置
➡ 增加文字的躍動率，讓主題變醒目
➡ 整體靠左對齊

標題文字雖然縮得比原來小，但由於文字躍動率增加了，看起來非常醒目。

日文用日文字體、英文用英文字體。

2015 ロンドン・東京映画週間
IN TOKYO 2015.6.8-19

2014 年 12 月 2 日
企画・運営：□□□□□□□□□□

文字要素統一靠左對齊。對齊方式一致，讓可讀性相對提升。

照片大小與配置位置也整齊一致，強化照片之間的關聯性，使其產生故事性。

其他範例

這裡修正

☑ 統一照片的大小，並讓編排位置帶有規則性，即可讓版面產生故事性。本例採橫向並排，形成電影膠捲般的設計。

☑ 用日文字體顯示英數字並不好看。英數字請用英文字體。

☑ 置中對齊或靠右對齊難度較高，組合不當可能會大大破壞可讀性，因此上圖統一改用靠左對齊。

基本設定：邊界：10mm／**使用字體**：日文：新ゴ　英文：Helvetica
相關技巧：三分法則 ▶ P.64／躍動率 ▶ P.42／對齊 ▶ P.34／吸睛用的文字 ▶ P.122

間距整齊一致

間距整齊一致

版心

‖ CHECK ‖

用三分法則分割版面

這個範例使用了本書介紹的「三分法則」
來分割版面。版面的分割方式，會對設計
造成巨大影響，請仔細考量。

用三分法則分割版面，再將其中 2 個空間
合併，可製作出具穩定、安心感的版面。

將版面分割成 3 等分，沿線配置主題與照片。

設計重點

Point 1　文字的設計

標題文字非常顯眼，因此在替英數字套用英文字體後，還須調整文字的視覺平衡。徹底掌握這些原則，即使只有調整文字大小與粗細，也足以與其他文字產生差異。

 預設字距

2015ロンドン・東京映画週間
IN TOKYO
（2015.6.8~19）

 調整文字間距，提升躍動率

2015 ロンドン・東京映画週間
IN TOKYO **2015.6.8-19**

「主題」與「標題」等醒目處，基本上須憑肉眼調整文字間距。另外，若包含英數字，請選用貼近內文字體的英文字體。

Point 2　對齊

「Before」混用置中對齊與靠右對齊，無法看出設計意圖；「After」則讓所有要素靠左對齊。如此一來，左右的留白變得不均等，使版面產生適度的緊張感。

 置中對齊與靠右對齊並存

統一使用靠左對齊

對齊基準不明確，不僅無法傳達製作者的意圖，還會給人散亂的感覺。依循一定的法則製作版面，可呈現誠實、具信賴感的形象。

Point 3　照片的大小與位置

配置作用與重要度相同的多張照片時，讓大小與位置整齊一致，可傳達具統一感的形象。本例藉由橫向並排，表現電影膠捲般的氣氛。

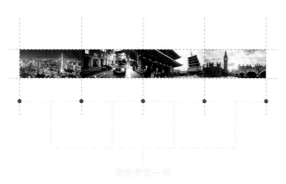

整合成相同大小、並排配置，完成具安定感的版面。

Point 4　配色

以藍色為基調來統整配色，可表現出信賴感與安定感。使用應試套裝常見的深藍色，則給人知性的可靠感。本例將版面上半部填滿藍色，讓重心落在上方，也可表現出凝聚感。

可感受到信賴感的配色範例。學校、徵才、金融等講求誠信的場面經常使用。

深藍配色傳達出知性感。不過，只用深色調會顯得過於嚴肅，加入作為主色的高彩度色彩，可緩和嚴肅的形象。

女性化的優雅設計

優雅感或是廉價感，取決於裝飾的用法、
字體選擇、以及留白的用法。

範例　│　A4 尺寸／服務表

BEFORE

▶ 用色過多
▶ 字體與設計形象不符
▶ 紋理與裝飾的用法曖昧不明

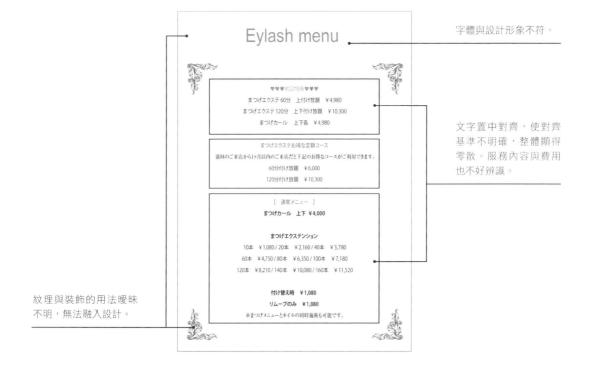

字體與設計形象不符。

文字置中對齊，使對齊
基準不明確，整體顯得
零散。服務內容與費用
也不好辨識。

紋理與裝飾的用法曖昧
不明，無法融入設計。

**這裡
NG!**

☑ 使用的顏色太多，會讓整體缺乏統一感。要表現優雅或高級感時，控制顏色數量這點很重要。

☑ 使用的字體，不適用於表現「女性化」及「優雅感」。必須依設計用途與目的挑選字體。

☑ 選用的紋理與裝飾雖然都具高級感，但組合不當，無法達到預期效果。

☑ 服務內容置中對齊，乍看雖然帶有穩定感，但可讀性不高。

AFTER

- ▶ 控制用色，表現具高級感的版面
- ▶ 挑選符合製作目的的字體
- ▶ 保守使用裝飾，不過度彰顯

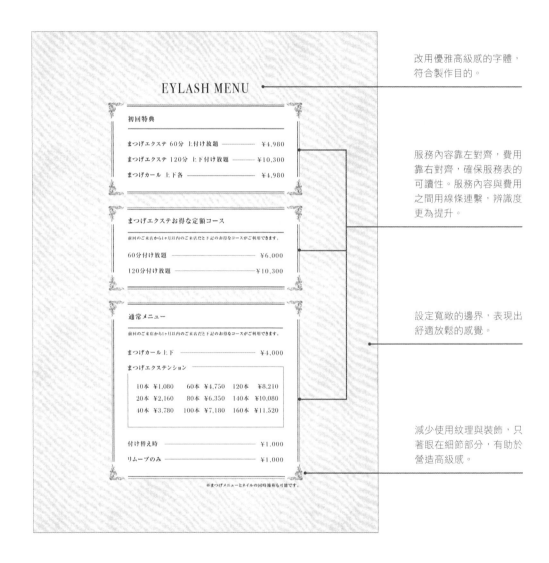

改用優雅高級感的字體，符合製目的。

服務內容靠左對齊，費用靠右對齊，確保服務表的可讀性。服務內容與費用之間用線條連繫，辨識度更為提升。

設定寬敞的邊界，表現出舒適放鬆的感覺。

減少使用紋理與裝飾，只著眼在細節部分，有助於營造高級感。

這裡修正

- ☑ 想要表現女性化的優雅或古典印象時，必須替整個版面營造出這種感覺。配色、紋理與裝飾素材等設計點綴，請適量使用。

- ☑ 若想製作具高級感的版面，請在設定版心時，把邊界設得比一般還寬。邊界變寬，留白相對也會增加，可表現出舒適、沉穩的氣氛。

基本設定：邊界：30mm（寬）／**使用字體**：日文：リュウミン　英文：Bodoni
相關技巧：對柄 ▶ P.58／重覆 ▶ P.46／對齊 ▶ P.34／群組化 ▶ P.30／躍動率 ▶ P.42／字體印象 ▶ P.106

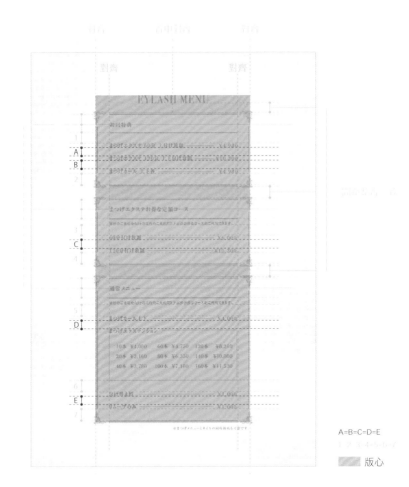

A=B=C=D=E

版心

| CHECK |

讓金額或相關數值清晰明確的整合技巧

服務表中刊載的費用、或是各項目的數值，必須讓消費者很快就能辨識。不可本末倒置，一昧講究美觀而忘了最重要的目的。

數值設計基本上是靠右對齊，可讓最小位數對齊，以便辨識數值差異。本例是採取金額靠右對齊、服務內容靠左對齊的編排。

另外，請將數字設定為英文字體，這個基本原則務必落實。

設計重點

Point 1　挑選字體

為表現女性化的優雅形象，建議使用細明體。
另外，若能適度降低文字的躍動率，可呈現出
平靜沉穩的印象。

最大尺寸　　*Bodoni／23pt*

EYLASH

リュウミン／10pt

まつげエクステ

リュウミン／7pt

前回のご来店から1ヶ月

最小尺寸

使用細緻的明體或襯線字體，可營造高貴沉穩的印象。
另外，英數字請使用英文字體。降低文字的躍動率，也
能和高貴沉穩的印象相輔相成。

Point 2　裝飾素材的用法

使用裝飾素材時，賦予素材在版面上的任務很
重要。請不要為了填補空白而隨興配置。

另外，若替整個背景套用紋理，可表現出紙面
帶有紋樣的細緻氣氛。

若毫無計畫地使用紋理與裝飾素材，效果並不理想。請
事先仔細分配任務，再依此分配去運用。

Point 3　優雅的配色

表現優雅的氣氛時，請減少用色，並使用對比
度低的同色系色彩。使用偏暗、帶黃的顏色，
可強調溫暖感與懷舊感，呈現古典氣氛。

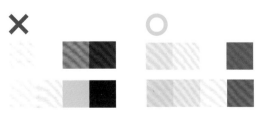

使用暗淡的配色，可強化風韻十足的古典印象。

Point 4　邊界的設定

想強調高級感或優雅感時，請設定為窄版心、
寬邊界（留白）。將邊界設得較寬，會讓版面
顯得舒適優雅。

版面率高　　　　　　版面率低

 版心　　　 邊界

---

04 生動活潑的設計

生動活潑版面的設計重點，在於使用的顏色數量、配色，以及字體選擇。
請留意這些要點，繼續閱讀下去吧。

範例 ｜ A4 尺寸／商品介紹宣傳單

▶ 主題文字過度加工

▶ 照片的用法與設計不搭

▶ 使用太多顏色，色調也不協調

標題文字過度加工，可讀性低且不美觀。

商品說明的對齊方式各不相同，照片尺寸也參差不齊，缺乏統一感。

照片的用法（矩形版面）與這個設計不搭。

使用的顏色過多，色調也不統一，看起來極不協調。

這裡 NG!

☑ 為了表現活潑氣氛而用了許多顏色，但各色的色調不搭，設計無法融合。

☑ 標題處理成描邊文字，雖然看起來活潑，但是裝飾過度而破壞可讀性，也無法發揮標題的作用。

☑ 商品照片配置成矩形（P.72），與設計風格不搭。照片主體的大小也參差不齊。

☑ 具相同任務的「商品說明文字」，文字顏色與對齊方式都不一樣，很難看出關聯性。

AFTER

➧ 主題文字簡化設計
➧ 商品圖去背
➧ 組合彩度高、相同或類似色調的色彩

標題文字設計成簡單的描邊文字。因為夠大，所以容易辨識出其為主題。

統一商品說明設計。靠左對齊讓可讀性相對提升。

商品圖變更為去背。適合用來表現生動活潑的印象。

將英文字圖示化，作為點綴。

使用的色調一致，顏色再多也無損協調性。顏色數量增加，可增添生動活潑感。

想表現活潑感時，如本例般將照片隨意去背，呈現用剪刀剪貼的設計，效果也很好。

這裡修正

☑ 提高彩度，並組合相同或類似色調的顏色，既能表現生動活潑的氣氛，也可讓版面呈現協調性。

☑ 色調一致，顏色再多也無損協調性，還可強調熱鬧的氣氛。

☑ 上圖的 2 個例子，都是把照片去背。一般作法是沿著商品輪廓剪裁，但如下圖般略顯粗糙的剪裁方式，效果也很好。

基本設定：邊界：13mm／使用字體：日文：新ゴ、こぶりなゴシック　英文：Tall Dark And Handsome Condensed
相關技巧：重覆 ▶ P.46／圖示化 ▶ P.122／去背 ▶ P.72／吸睛用的文字 ▶ P.122／配色、色調 ▶ P.90

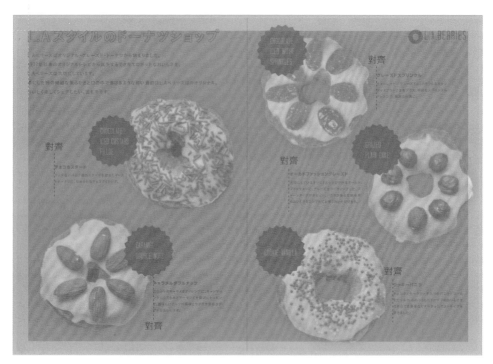

版心

重要程度相同的要素，
請施予一致的設計

單一版面中配置多個同等要素時，基本上
請讓所有要素帶有相同設計。反覆出現的
相同設計，可讓讀者了解「這些要素具相
同重要性」、「它們有並列關係」。不只
是版面編排，字體、文字設計、照片大小
等等也請統一。

✕ 無統一感　　　○ 有統一感

不論是否具相同重要性，如左圖般套用不同的設計，
會無法傳達設計意圖。

設計重點

Point 1　照片加工

想強調生動活潑的印象時，比起矩形照片，改用去背照片會比較合適，因為矩形無法給人朝氣蓬勃的歡樂氣氛。此外，去背照片的編排自由度也比較高。

✗ 矩形

◯ 去背

比起矩形照片，去背更有生動活潑感。圖片隨興剪裁，或是加入陰影增添立體感，都能強化設計。

Point 2　挑選字體

活潑的設計適合粗的黑體或無襯線字體。例如，主題與標題使用粗黑體，引言部分則使用比主題細一點的黑體會比較好。

L.Aスタイルの

L.Aベリーズはオリジナル・グレーズド・ドー
1937年以来のオリジナルレシピから誕生す
L.Aベリーズは大切にしています。

主題或標題設定為粗的黑體／無襯線字體，可表現生動活潑感。明體與有襯線字體較不適合。

Point 3　文字加工

過度加工文字、或是替長篇文章設定粗字體，不僅會破壞可讀性，而且也不美觀。只要能夠與其他要素有適度的差別化，即使設計簡單也得以突顯。**請注意別隨便增添裝飾。**

避免過度加工文字，建議使用簡約的設計即可。簡單的外觀，只要調整文字大小與留白，就能展現醒目度。

Point 4　活潑的配色

製作活潑的版面時，請使用彩度高的色彩。若用彩度低的色彩，無法給人熱鬧活潑的感覺。

活潑配色的重點是「不用同色系或類似色」，要從不同色相中選色，並且讓色調一致。

✗ 彩度低　　✗ 色調不一致

◯ 彩度高且色調一致

彩度低、同色系的配色，無法表現出熱鬧活潑的感覺；彩度高但色調不一致，也無法製作協調的版面。彩度高，且色調一致的組合才能展現活潑感。

05 成熟女性風的設計

製作以成熟女性為目標對象的設計時，
字體的挑選、留白的用法、配色皆是重點所在。

範例 │ A4 尺寸／主打成熟女性的宣傳單

➡ 照片變形了

➡ 版面設計不充分，要素沒有整合

➡ 對齊方式及使用字體缺乏統一感

版面設計不確實，所有
要素完全沒有整合，給
人馬虎隨便的感覺。

硬把照片縮在版面內，
導致變形。

文字不僅變形，還過度
裝飾，破壞了可讀性。
本例的加工處理與預期
形象一點也不相符。

對齊方式時而置中、時
而靠左，毫無系統；而
且使用太多字體，設計
無法給人統一感。

這裡 NG!

☑ 不可為了迎合版面而強制變形照片。請務必維持照片的長寬比。

☑ 字體與背景色不符合「成熟女性的設計」這個目的。

☑ 所有要素完全沒有整合，給人死板又馬虎的印象。

- 嚴選字體
- 版面有充分的留白，展現時尚感
- 減少用色，表現都會氣氛

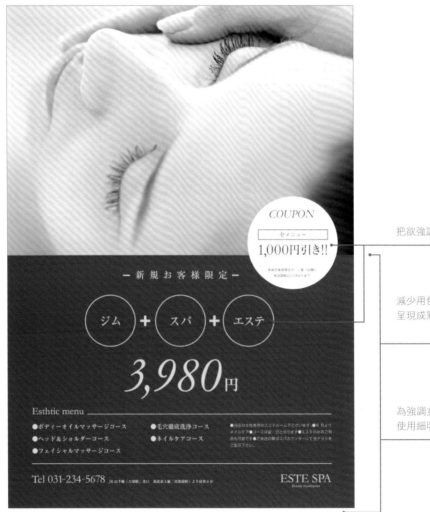

把欲強調的部分圖示化。

減少用色，充分的留白，呈現成熟都會感。

為強調女性化的感覺，而使用細明體。

這裡修正

☑ 要表現女性化、纖細的感覺，適合使用偏細的明體／有襯線字體。

☑ 欲強調的要素較多時，可靈活運用字級差異、圖示化等技法來加以區別。採相同技法的要素一旦增加，還是可維持一定的醒目程度。

☑ 以「成熟女性」為目標對象時，請使用雅緻具高級感、彩度低的顏色。

基本設定：邊界：15mm／**使用字體**：日文：リュウミン　英文：Garamond
相關技巧：對齊 ▶ P.34／對比 ▶ P.40／躍動率 ▶ P.42／閱讀用的文字 ▶ P.122／吸睛用的文字 ▶ P.122／字體家族 ▶ P.113

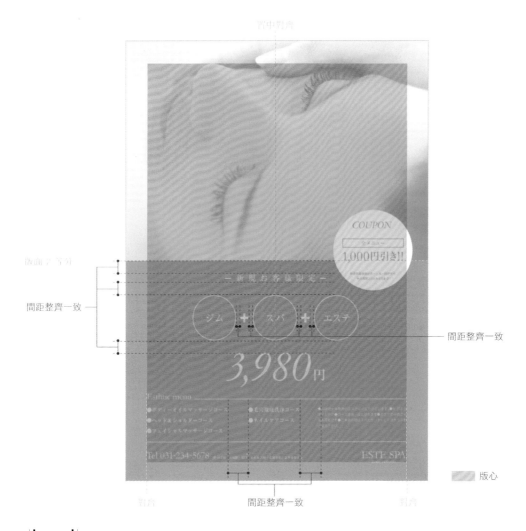

| **CHECK** |

用配色改變版面印象

版面帶給讀者的印象，會因配色而大幅改變。因此在決定用色與配色時，必須確實掌握製作物的目的與用途、希望呈現的形象、主要目標對象的喜好等等。請同時參考本書的第 4 章，嘗試實踐最適當的配色吧！

藍色系的配色可表現「透明感」，粉紅色或黃色等彩度高的配色，則可表現可愛年輕的形象。

具透明感　　　可愛明朗的感覺

設計重點

Point 1　留白

製作舒適奢華空間與成熟女性形象的版面時，設定多一點的留白是重點。若要素編排過擠，小心會給人拘束感。

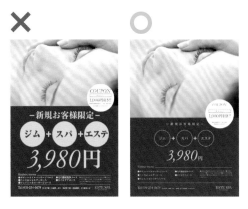

「空間」在版面編排時可聯想成「留白」。大量留白，可表現舒適的空間感。

Point 2　字體挑選

想表現成熟女性的形象時，適合使用具都會穩重感的明體與有襯線字體。細線條的明體與有襯線字體，帶有高雅沉靜的形象，與女性奢華感能夠產生關聯。

Garamond Italic

3,980円

Garamond

Esthtic menu

リョウミン

●ボディーオイルマッサージコース

使用細的明體與有襯線字體，並減少字體種類，讓設計產生統一感。

Point 3　配色

要表現成熟女性的高尚優雅形象，可使用**色相差異大的配色**，或是明度、彩度都低的配色。使用高彩度的顏色，會給人活潑熱鬧的感覺，較難營造成熟女性的氛圍。

具高級感與穩重感、以成熟女性為目標對象的版面，較適合使用彩度低的配色。

Point 4　圖示化

單一版面中包含多個欲強調的要素時，把其中幾個要素圖示化的作法也非常有效。這個也想強調、那個也要突顯，致使文字愈來愈大、顏色愈來愈多，會讓設計變得愈來愈繁雜。

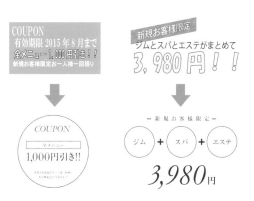

圖示化也可突顯要素。

雅緻洗練的設計

「Chic」在法語中有「時尚」與「雅緻」的意思。
若想在設計中表現這種形象,重點是盡可能簡約,並減少用色。

範例 | A4 尺寸／活動告知海報

➤ 文字變形了

➤ 塞滿要素,毫無留白

➤ 頻繁使用漸層,整體顏色過多

留白處全塞滿要素,
整體過於狹隘拘束。

文字變形,而且設定
為漸層色,不好閱讀
也不美觀。

使用過多顏色,與雅
緻的形象相去甚遠。

音符插圖感覺只是用
來填補空白,沒有發
揮 預 期 效 果。 而 且
LOGO 與音符重疊了。
基本上,LOGO 不可與
其他物件重疊。

這裡 NG!

☑ 標題為了配合版面而強制變形,使文字可讀性大幅下降。

☑ 想表現雅緻洗練的形象時,請盡量減少用色。如本例般使用太多的顏色,怎麼看都只有凌亂感,
毫無雅緻可言。

☑ 為了填補空白而配置的音符插圖,壓到部分文字與 LOGO。

➡ 限定黑白兩色

➡ 設定適度的留白

➡ 減少使用的字體種類，用字體家族增添強弱

用色限定黑白兩色，並適當留白，呈現高雅洗練的形象。

本例沒有照片素材，因此把 LOGO 放大配置，賦予 Eye-Catcher 的任務。

將刊載資訊作適度整理，明確地群組化，替資訊增添強弱。一眼就能看出比修改前的例子更具傳達力。此外，改用對稱構圖，使版面具安定感。

其他範例

這裡修正

☑ 本次製作的兩個例子都是限用黑白兩色，並適度留白，表現出雅緻洗練的形象。由此可見，只要減少用色即可獲得極大效果。上例是置中對齊，呈現適度的緊張感；右例則是靠左對齊的編排，可營造穩定感。

☑ 減少字體種類，用字體家族增添強弱，可同時實現對比與統一感。

☑ 右例把作為 Eye-Catcher 的平台式鋼琴佈滿整張版面，活動主題配置在象徵五線譜的線條上。這些小細節也是設計的樂趣之一。

基本設定：邊界：20mm／**使用字體**：日文：リュウミン　英文：Bonobi／用色：2 色
相關技巧：對稱 ▶ P.58／留白 ▶ P.54／對齊 ▶ P.34／躍動率 ▶ P.42／圖示化 ▶ P.122／吸睛用的文字 ▶ P.122

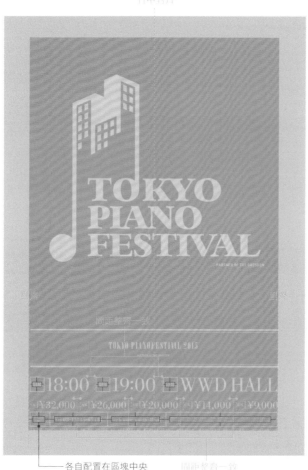

版心

─各自配置在區塊中央

| CHECK |

目測對齊

左右不對稱的圖形，若用軟體內建的對齊功能置中對齊，視覺上看起來仍會有點偏移。

此時，除了目測調整外別無他法。請一邊觀察圖形的重心與特徵，逐一仔細地調整配置位置。關於圖形的重心，請參考 P.52 的解說。

✕ 用對齊功能對齊　　○ 用目測方式對齊

左：用軟體功能置中對齊，感覺略往左下偏移。
右：一邊意識到圖形的重心，一邊以目測方式調整，使其看起來有置中對齊。

設計重點

Point 1　沒有用處的就刪除

營造雅緻的秘訣是「無用的要素一概省略」。
簡約是表現雅緻感不可或缺的要素。請一定要
避免使用過度的裝飾、描邊字體及漸層色。

左：雖然有適度的留白，但由於描邊文字與過度裝飾，
無法呈現雅緻感。
右：雖非經典設計，但是在傾斜所有要素的版面中存有
一定的法則，故仍維持高雅的形象。

Point 2　挑選字體

雅緻的設計很適合使用英文字體。另外，有襯
線字體、無襯線字體都合適，但是如裝飾體這
類過於休閒的字體，使用上需要多下點工夫。
因此一開始建議使用正統字體。

裝飾體
✕ **TOKYO PIANO**

Helevetica
○ **TOKYO PIANO**

Baskerville
○ TOKYO PIANO

Didot
○ TOKYO PIANO

想表現雅緻感，比起個性化的字體，更適合使用傳統的
簡約字體。上方列舉了幾個適用於本例的字體。

Point 3　配色

雅緻的設計，常見於時尚品牌的平面製作物，
或是古典、爵士音樂會相關海報中。上述例子大
部分都是採取精簡化的用色、最少量的配色。

減少色數的黑白、灰階色調的配色，具有雅緻時尚感。
若主色使用接近純色的暖色系，也具類似效果。

Point 4　詳細資訊的設計

製作活動海報或宣傳單等刊載告知資訊的製作
物時，活動日期、場地、費用等詳細資訊的設
計便顯得格外重要。請仔細整理資訊、確定資
訊的優先順序，並施予強弱層次。

日期與費用等數字放大配置，並在文字編排上下工夫，
使其兼具傳達力與視覺美觀。若所有資訊都予以強調，
小心反而變得都不醒目。

07 環保自然風的設計

使用草木、大地等能聯想到大自然的圖形與顏色，
既能營造自然環保風，也可表現平靜祥和的氣氛。

範例 | A2 尺寸／宣傳海報

▶ 使用的字體種類太多

▶ 想表現的內容與配色不搭

▶ 背景複雜導致文字難以閱讀

混雜多種字體種類，使
設計毫無統一感。

將文字疊在背景的地球
插圖上顯得過於複雜，
給人凌亂的印象。

英數字使用日文字體，
文字編排不美觀。

從「THINK GREEN
PROJECT」與「地球綠化
產業展」聯想到的顏色，
與配色相違背，無法感受
到環保與自然等印象。

副標的位置曖昧不明，且
與背景的對比不足，呈現
極難閱讀的狀態。

這裡
NG!

☑ 版面使用的字體種類太多，整體給人凌亂的感覺。

☑ 本例雖然在背景安排地球插圖，但是將大量文字配置在此複雜圖形上，變得非常不好閱讀。

☑ 本例最大的缺點是配色。配色與設計目的大相逕庭，無法將資訊正確地傳達給讀者。

■ 將背景圖當作 Eye-Catcher，使其清楚可見

■ 嚴選使用的字體，讓版面呈現統一感

■ 符合「GREEN」與「綠化」等字義的配色

地球插圖作為 Eye-Catcher，放大配置在版面上方。不與文字交疊也是重點。

配色變更為與「GREEN」、「綠化」等字義有關的綠色，以及可聯想到大地的「茶色」。另外還追加配置了葉子的圖片。

嚴選字體，只讓標題文字使用個性化的英文字體，一眼即可看出標題所在。

根據資訊強弱調整字級，部分作圖示化處理。視認性提升，整體也顯得格外醒目。

這裡修正

☑ 使用具自然形象的圖像（地球與葉子）和顏色（綠色、茶色），表現出環保自然的感覺。

☑ 把地球插圖用作 Eye-Catcher，使其與此活動的標題「THINK GREEN PROJECT」與「地球綠化產業展」有明確的關聯性。

☑ 英文使用英文字體、日文使用日文字體，兼具可讀性與文字美觀。

基本設定：邊界：17mm／**使用字體**：日文：新ゴ、こぶりなゴジック　英文：DIN、PORN FASHION TRIAL
相關技巧：網格 ▶ P.26／重心 ▶ P.52／對齊 ▶ P.34／對比 ▶ P.40／圖示化 ▶ P.122／色彩的視認性 ▶ P.96

版心

Point 1　貼齊網格

本例將文字要素與地球插圖（Eye-Catcher）都沿著網格編排。

另外，葉子圖像也以網格為基準，遵循法則加以配置，工整之餘還可營造些許動感。

網格除了當作對齊基準外，也可活用來作為各設計要素的配置基準線。

Point 2　挑選字體

環保自然的設計，雖然適合簡約字體，或是帶溫暖感的手寫字體，但是最好避免使用裝飾性過強的英文字體或手寫中日文字體。

✕ *Green Project*
✕ 綠色專案
✕ 綠色專案

裝飾過強的文字以及手寫字，字體個性過強，與環保、自然的形象相去甚遠。

Point 3　考量版面重心

本次的設計將文字配置在左下方、地球插圖則配置在右上方，將版面重心調整至中央。

另外，葉子方向從左上往右下，也就是與地球及文字呈對稱配置，賦予版面動態感。

在版面上配置要素時，請時常意識到要素的「重量」與整體重心，並依此決定以穩定感為優先，或是以躍動感為優先考量。

Point 4　配色

製作環保自然風的設計時，最重要的是配色。使用大地、木材、新芽等存在於自然界中的顏色，可讓讀者聯想到大自然。

另外，色調與色彩組合也會影響呈現的印象，故請多方嘗試。

一般常見的自然感配色例。色調略帶鮮豔的配色，給人明朗與信賴感。

以新芽發想的配色例。在沉穩中帶有清爽感，具有療癒效果。

用聯想到大地與木材的茶色整合，呈現穩重印象。是具穩定感的配色。

用深綠色或茶色整合，可感受到大自然與強大力量。原始的色彩帶有純樸懷舊的氛圍。

Point 5　素材挑選

表現環保自然的設計時，適合使用手繪線條、紙張紋理等「可感受到人文氣息的素材」。

不過，過度使用這類素材會顯得粗糙，使版面較難呈現一致性，這點請多加留意。用在設計裝飾是不錯的作法，使用木頭、樹葉等自然界的素材也具有效果。

地球綠化產業展

THINK GREEN PROJECT

利用手寫風線段及自然感素材點綴，也具有效果。

使用木頭、樹葉這類自然素材作為Eye-Catcher，一眼就能看出設計主題是大自然。用紙張等具仿真效果的紋理作為背景也不錯。

具高級感的設計

製作具高級感的設計時，請避免讓要素編排得過於擁擠，
務必替整體營造舒適放鬆的印象。

範例 | A4 尺寸／促銷傳單

- ➡ 用色太多
- ➡ 文字過度裝飾
- ➡ 無法發揮美麗背景照片的作用

文字過度裝飾，甚至變形，可讀性明顯下降。

文字與背景缺乏對比，閱讀困難。

版面中塞滿文字，給人狹隘擁擠的感覺。另外，背景圖像也沒有發揮作用。

多個要素都使用醒目的顏色與大小，反而讓所有要素都無法突顯。

版面的顏色數量過多，無法呈現整合感。

這裡 NG!

☑ 這個設計最可惜的是，沒有好好發揮難得的美麗風景照。照片幾乎都淹沒在大量的文字後面了，感覺背景用什麼照片都無所謂。

☑ 強調的資訊過多，不僅放大且用色繽紛，甚至還裝飾成描邊文字，結果反而都不明顯，讓人看得眼花撩亂。

AFTER

▶ 變更背景圖的編排，使其發揮最大效用

▶ 減少用色

▶ 吸睛用的部分與閱讀用的部分有明顯區隔

照片上的文字皆為白色，藉此發揮照片的優點。晴朗的天空與清澈的海水，和白色的文字完美融合。

將照片三邊出血配置，藉此明顯區隔出上半部「吸睛用的部分」、與下半部「閱讀用的部分」。

閱讀用的部分，顏色以與照片融合的藍色為主，文字編排簡單清爽。雖然沒有像修改前那般明顯，但能確實地傳遞資訊。

這裡修正

☑ 不把照片當作背景，而改為視覺焦點，以傳達帛琉的氣氛。

☑ 將照片的優點發揮至極致，文字顏色限定藍白這 2 色。綜觀來看可感覺出版面的協調性。

☑ 將照片三邊出血配置，以照片為中心的「吸睛用的部分」，與「用來閱讀詳細資訊的部分」有明顯的區隔。這種版面構成，即使沒有過度的裝飾與太多的用色，也能夠確實地傳遞資訊。

基本設定：邊界：18mm／**使用字體**：日文：リュウミン、新ゴ　英文：Garamond、Frutiger
相關技巧：吸睛用的文字 ▶ P.122／對齊 ▶ P.34／群組化 ▶ P.30／對比 ▶ P.40／字體印象 ▶ P.105／照片與文字 ▶ P.84

間距整齊一致

| CHECK |

照片與文字的關係

在照片上擺放文字時，請找出照片中訊息量最少的地方（顏色少或對比較小的地方），再用來置放文字吧！

另外，照片上的文字顏色，最好使用無損照片形象的白色或黑色等無彩色，這是最基本的作法。

在照片上置放文字時，必須挑選不會破壞照片風貌的顏色。基本上是選擇無彩色，若想使用有彩色，請選擇與背景的明度差異明顯的顏色。

設計重點

Point 1　挑選字體

要表現高級感，適合使用明體與有襯線字體。
這些字體能賦予權威、歷史與格調的形象。因
此常用於欲營造高級感的設計。

✕ **パラオ 29,900**円

✕ **パラオ　29,900**円

〇 パラオ 29,900円

粗黑體與無襯線字體，看起來朝氣蓬勃，較無高級感。
文字形狀特色鮮明的裝飾體，是最不適合的字體。

Point 2　奢侈地使用版面

大量留白，奢侈地替版面營造寬敞空間，可表
現高級感。此外，請先確實整理刊載的資訊，
在欲突顯處的周圍也設定較大的留白，讓其他
資訊密集整合。

✕ 留白少　　　　　　〇 留白多

如折扣店般擺滿商品，無法表現高級感。要展現高級
感，必須仿照高級精品店般，寬敞舒適地編排。

Point 3　極簡風

要表現高級感，要素請盡量簡單化，嚴禁使用
描邊文字與立體字。另外，圍住要素的框線要
細。細框線清爽俐落，較能營造高級感。

✕ 裝飾多　　　　　　〇 裝飾少

請盡量簡約，避免過度裝飾。框線建議使用細線。

Point 4　配色

顏色數量請盡可能減少。顏色數量一旦增加，
容易給人雜亂感。

另外，版面中有照片或插圖等素材時，可從中
挑選顏色來使用，讓整體設計融合協調。

✕ 用色多　　　　　　〇 用色少

顏色太多，會感受不到高級感。從照片用色中挑選文字
與框線的顏色，可減少整體用色，產生清爽俐落感。

09 男性剛強風的設計

想表現男性剛強風的設計，重點在於減少用色、提高對比，
藉此表現冷靜與力量感。

範例	A4 尺寸／廣告

BEFORE

▶ 用色過多，且與預期形象不符

▶ 字級與行距設定不適當

▶ 對齊基準與群組化的原則不明確

將照片去背得以展現商品
細節，但大小不適當，無
法表現強而有力感。

文章置中對齊，對齊基準
不明確。

顏色太多且色調不一，無
法產生協調感。而且用色
也不符合預期形象。

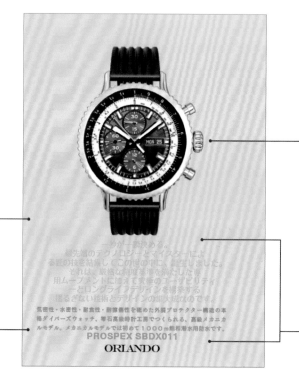

文字的字級與行距不當，
且文章多處斷行不理想，
因此變得難以閱讀。

**這裡
NG!**

☑ 文字雖然有分組上色，但是顏色太多，加上要素間沒有充分留白，資訊變得難以辨識。

☑ 字體缺乏男性剛強感，與預期形象相去甚遠。

☑ 手錶的設計極為男性化，但由於呈現方式不當，無法展現商品的優點。

AFTER
- ➡ 將商品放大配置，展現質感
- ➡ 提高文字躍動率
- ➡ 使用粗字體

為了讓黑白照發揮效果，將設計變更為單色調。以黑色無基調的暗色調，給人男性化的印象。

裁掉部分錶帶，讓錶面顯得更大，細節清晰可見。

粗體文字可賦予剛強的感覺。另外，提高文字躍動率，使資訊差異變明確。

整張版面置中對齊，引言部分也重視可讀性，故採等距配置。

其他範例

這裡修正

☑ 使用黑色與灰色等暗色調，賦予男性化的剛強印象。

☑ 提高文字的躍動率，增添強弱層次，也可表現男性的強勢感。

☑ 右例將手錶放得更大，藉此強調手錶的質感與份量。文字躍動率也再次提升，削弱高級感與沉靜感，轉化為提升力量與視覺震撼。

基本設定：邊界：14mm／**使用字體**：日文：リュウミン、新ゴ　英文：Helvetica
相關技巧：吸睛用的文字 ▶ P.122／對齊 ▶ P.34／群組化 ▶ P.30／強弱 ▶ P.42／字體印象 ▶ P.106／照片與文字 ▶ P.84

 版心

| CHECK |

吸睛的文字標題

標語等吸睛用的文字，必須將文字當作視覺
要素來考量。因此，必須目測調整文字間距
使其一致。

還有，改變標語與引言的躍動率，使其符合
預期形象也是一個重點。本例為了表現男性
剛強的印象，而將標語放大、引言縮小，使
躍動率變高。還有，為了讓人感受到大人的
從容感，將引言的字距與行距加寬、讓標語
和引言的行寬一致，也是設計重點。

主題文字與引言的躍動率高，版面會產生層次感，也
具妝點設計的效果。

設計重點

Point 1　挑選字體

想要表現男性剛強風的印象，可使用粗字體。讓所有的黑體／明體，或是無襯線／有襯線字體，都使用粗字體，可營造強烈的男性形象。

只要文字線條夠粗壯，即可強調男性剛強風的感覺。

Point 2　文字的躍動率

提高文字躍動率，可強調男性剛強風的印象。標題文字使用細字體，並施予極大的躍動率，可同時表現出剛強與纖細。

剛強中帶有纖細感。　　　躍動率小，給人沉穩感。

Point 3　配色

挑選具剛強與冷靜形象的顏色。以無彩色與冷色為中心，組合明度、彩度低的色彩，這種高對比配色效果很好。另外，暗暖色系（深棕色），也可給人穩重且男性化的印象。

色調明度高的配色，給人年輕爽朗的印象。

色調明度低的配色，給人成熟男性的印象。

深棕色的配色，給人時髦男性的印象。

Point 4　照片的對比

照片的對比高、彩度低，可提高厚重感，給人強而有力的印象。依設計主題，有時呈現視覺震撼的效果很好，請務必嘗試看看。

加工前　　　　　　加工後

相同的照片，對比高、彩度低者，更能給人強而有力的感覺。要營造剛強形象或是視覺震撼時請務必嘗試。

Chapter: 8

10 運動風的設計

表現運動風時,必須替配置的要素增添動感。
本例將替每個要素添加變化,讓設計呈現韻律與流動感。

範例 | A2 尺寸╱海報

BEFORE

➤ 照片的裁切方式不當

➤ 不只是照片,背景與字體都必須施予「動感」

➤ 背景與文字的對比不夠

使用字體的印象與本例欲表現的形象不符。

英數字使用日文字體。

背景與文字的對比不夠,文字非常難閱讀。

配置在背景中的 LOGO 變形了。

隨意去背的照片,雖然給人生動活潑的感覺,但是與運動風的形象不符。

這裡 NG!

☑ 隨意去背的照片感覺偏向靜態。

☑ 為了實現運動風的設計,不只是照片,背景與文字也都必須下工夫施予「動感」。

☑ 配置在背景中的 LOGO 變形了。原則上,LOGO 是嚴禁變形的。

- ▶ 將人物放大呈現，強調表情與頭髮的動感
- ▶ 加入傾斜的線段以表現「動感」
- ▶ 照片的彩度下降、對比提高

將照片放大配置，人物的表情與頭髮動態變明顯，呈現運動感。

版面中加入傾斜的要素，整體給人具動感的印象。

整體的彩度降低、對比度提高，力量感相對提升，展現動態形象。

不讓 LOGO 變形，並縮小配置。

這裡修正

☑ 使用人物照片時，比起全身照，如本例般局部放大，更能感受到躍動感。

☑ 加入傾斜線、讓文字傾斜，替版面增添「動感」。要表現運動風時可設法活用。

☑ 整張版面彩度降低、對比提高，不僅增加力量感，躍動感也相對提升。

基本設定：邊界：19mm／**使用字體**：日文：新ゴ　英文：Gotham
相關技巧：滿版出血 ▶ P.50／對齊 ▶ P.34／群組化 ▶ P.30／強弱 ▶ P.42／裁切 ▶ P.74／對比 ▶ P.40

角度一致

版心

對齊　　　　　　　　對齊

‖ CHECK ‖

照片主體的尺寸

相同的照片，會因裁切方式而呈現截然不同的感覺。直接使用整張照片的方式，適合用來表現主體配置的狀況、空氣感與規模感。

另一方面，若將照片局部放大，可強調質感、表情、重量感等細節。製作版面時請根據欲呈現的印象，靈活使用裁切方式。

配置全身的人物照，可強調奔跑的輪廓與服裝，故可表現出「好像在動」的運動感。

設計重點

Point 1 挑選字體與營造文字律動感

運動感或「動」的形象，所有的黑體／明體、有襯線字體／無襯線字體都可使用。**此時，比起字體的種類，賦予文字何種動態更顯重要。**如下圖般把文字傾斜，並賦予文字組合律動感與方向性，即可表現「動」的感覺。

MIYAGI MARATHON

垂直　相同角度　垂直

MIYAGI MARATHON

兩者字體相同，但文字傾斜、行首錯位的編排，較能給人動態感。角度一致，即可呈現整合性。

Gotham family
MIYAGI MARATHON
2015 05 23 SAT

Adobe Garamond
MIYAGI MARATHON
2015.05.23 SAT

文字重疊、錯位，可衍生律動感，給人動的感覺。組合粗文字與細文字時，使用字體家族可輕鬆營造協調性。

Point 2 線與面的律動

線與面的尺寸不一，可產生律動感。若再進一步施予角度變化與隨機的長度，效果更強烈。

此外，加強透視可提高深度感和動的形象。請根據「動感」的需求程度，靈活運用吧！

賦予線條強弱變化，並隨意配置，可產生韻律感。

變化角度、隨意調整長度，即可呈現躍動感。

替線條增添透視感與深度，更能強調「動」的感覺。

11 輕鬆休閒風的設計

表現輕鬆休閒感時,能夠表現手感溫度的素材是不可或缺的要素。
準備手寫風的素材、使用粗糙感的素材,作為設計點綴也不錯喔!

範例 | A4 跨頁／型錄

BEFORE

▶ 整體設計的用色過多
▶ 與輕鬆休閒風的形象不符
▶ 文字的對齊方式、商品照背景皆過於複雜

版面編排曖昧不明,缺乏整合感。此外,
留白的設定也不適當。

商品明細時而置中對齊,時而靠左對齊。

商品照已包含多種
顏色,背景不適合
再帶有顏色。

圖示框的設計缺乏統一感,且不適合本次
的設計。

人物照片感覺太寫實。

這裡 NG!

☑ 雖然看得出在編排與配色上有用心,但是各要素沒有依主題設計,看起來不協調。

☑ 文字要素各有各的設計,對齊方式一下置中、一下靠左,缺乏統一感。

☑ 照片已經色彩繽紛,設計要素又選用彩度高的色彩,整體感覺顏色過多。

AFTER

▶ 照片以外的要素改用單色調

▶ 追加手寫風的要素

▶ 對齊方式統一使用靠左對齊，讓版面編排規則更明確

不用描邊文字，改用
特徵鮮明但設計簡單
的字體。

以黑框框住整張版面，
讓整體產生凝聚感。

商品照顏色已經很多，
將其他要素改為單色調。

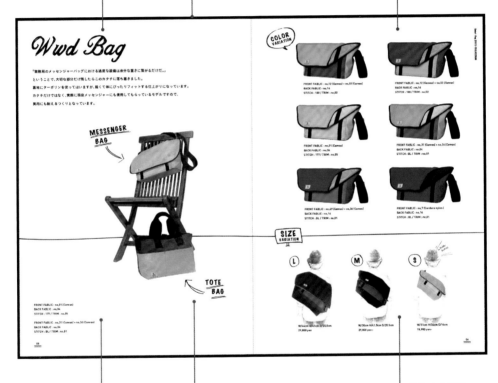

設定大面積的留白，
替版面增添強弱。

追加手寫感的插圖，
表現休閒感。

簡化人物照片，
減少寫實感。

這裡
修正

☑ 為了強調休閒氣氛，將標題等顯眼的文字改成手寫風的字體。

☑ 追加手寫風的框線與箭頭，讓設計更有人味。

☑ 為了襯托商品照片，將其他要素變更為單色調。

☑ 為了整合整張版面，在外圍添加黑色粗框。

基本設定：裁切邊：15mm　天：15mm　地：20mm　裝訂邊：20mm／**使用字體**：日文：こぶりなゴジック　英文：Marker、DIN
相關技巧：版心設定 ▶ P.22／對齊 ▶ P.34／群組化 ▶ P.30／重覆 ▶ P.46／留白 ▶ P.54

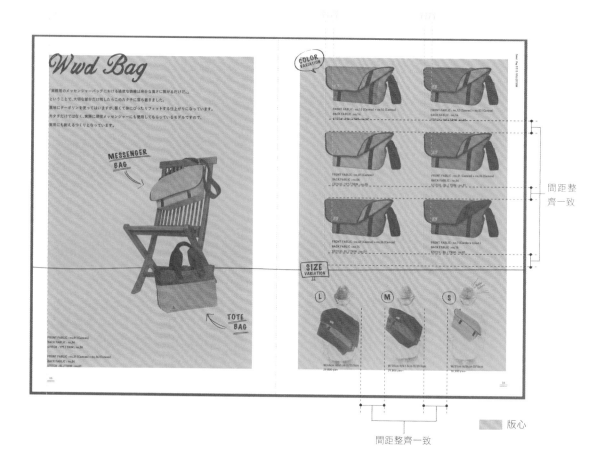

間距整齊一致

間距整齊一致

版心

┃ CHECK ┃

樣版的格式化

如果製作的是如本例般包含多頁的製作物或
資料時，在開始設計之前，請替所有頁面套
用「共用的樣版」。整體重覆使用同一個樣
版，可讓設計產生統一感。

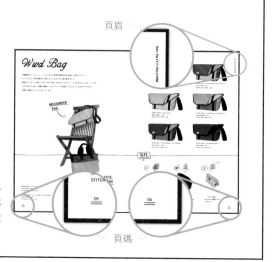

頁眉

頁碼

　　頁眉與頁碼具有導覽作用。讀者要在多頁構成的資料
中找尋目標資訊，便可參照頁碼或頁眉。因此，基本
上請讓所有頁面的頁眉、頁碼都配置在相同位置，並
依據共通原則去設計。

Point 1　裝飾素材

表現輕鬆休閒的印象時，比起電腦軟體的均一直線、水平與垂直框，使用**人實際繪製的手感線條，或是仿真的素材會更有效果**。

配置如下圖的手繪素材作為設計裝飾，可增添輕鬆休閒的氣氛。

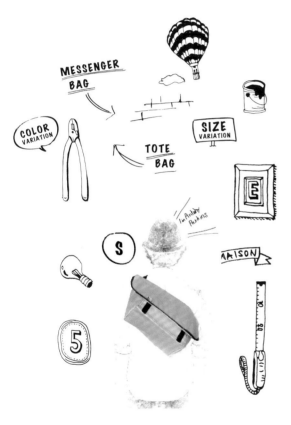

適度使用仿真的素材，可讓整張版面呈現輕鬆氛圍。不過，使用時請選擇符合版面風貌的素材。即使是「具仿真感的素材」與「手寫風的素材」，風格仍千變萬化。

Point 2　挑選字體

使用鉛筆或鋼筆書寫的休閒手寫風字體，效果也很好。不過，如果將所有字體都如此設定，小心會破壞整體協調性。

當標題等醒目的文字使用手寫風，其他則使用一般的正統字體，即可產生整合感。

✖ 手寫風字體的組合

WWD Bag

「業務用のメッセンジャーバッグにおける過

⭕ 手寫風字體與正統字體的組合

WWD Bag

「業務用のメッセンジャーバッグにおける過

⭕ 手寫風字體與正統字體的組合

WWD Bag

「業務用のメッセンジャーバッグにおける過

主題與標題設定手寫風字體，可表現輕鬆休閒的感覺。

用心設計文字及框線，即可完成獨具風味的素材。

作者簡介

坂本伸二（SAKAMOTO SHINJI）

1978 年生，東洋美術學校畢業後，於設計事務所任職多年，2000 年開始以自由工作者的身分接案。期間與某製作人結識，參與音樂活動的主視覺、演唱會影片等工作長達 3 年，學習棚內攝影、視覺製作等技術。藉由長年累積的經驗，現在主要活躍於廣告視覺、版面編排、創業企劃師等領域。

馬上學會好設計